Richard Garbe

Die indischen Mineralien, ihre Namen und die ihnen zugeschriebenen Kräfte

Richard Garbe

Die indischen Mineralien, ihre Namen und die ihnen zugeschriebenen Kräfte

ISBN/EAN: 9783743654327

Hergestellt in Europa, USA, Kanada, Australien, Japan

Cover: Foto ©berggeist007 / pixelio.de

Weitere Bücher finden Sie auf **www.hansebooks.com**

DIE

INDISCHEN MINERALIEN,

IHRE NAMEN

UND DIE IHNEN ZUGESCHRIEBENEN KRÄFTE.

NARAHARI'S RÂGANIGHAṆṬU VARGA XIII

SANSKRIT UND DEUTSCH

MIT KRITISCHEN UND ERLÄUTERNDEN ANMERKUNGEN

HERAUSGEGEBEN VON

DR. RICHARD GARBE,

A. O. PROFESSOR AN DER UNIVERSITÄT KÖNIGSBERG

LEIPZIG

VERLAG VON S. HIRZEL

1882.

HERRN Dr. RUDOLF HOERNLE

IN CALCUTTA,

SECRETÄR DER ASIATISCHEN GESELLSCHAFT VON BENGALEN

ETC. ETC.

IN AUFRICHTIGER DANKBARKEIT UND HOCHACHTUNG

GEWIDMET.

Vorwort.

Es ist bezeichnend für den Geist, welcher die fruchtbare literarische Production Indiens beseelte, dass die Sanskritliteratur kein eigentliches Lehrbuch der Mineralogie aufzuweisen hat. Dem gelehrten Inder lag die Commentirung der Veden und der alten Ritualbücher, lag Grammatik, Rhetorik, Poetik und Philosophie viel näher als die concreten Dinge der Aussenwelt. So ist es gekommen, dass Griechen und Römer früher über edle Steine geschrieben haben, als die Bewohner des Landes, welches an diesen kostbaren Dingen unerschöpflich reich ist.[1])

Ein Studium der Mineralogie begann in Indien erst — das gleiche gilt von der Botanik — mit der Ausbildung der Medicin, welche die Erzeugnisse der Natur auf ihre Kräfte zu beobachten gebot. Und so sind wir darauf angewiesen, in den medicinischen Schriften dasjenige zu suchen, was wir aus Indien über Metalle, Edelsteine und sonstige Mineralien zu erfahren wünschen. Während die ältesten berühmten Lehrbücher des Karaka und Suçruta in dieser Hinsicht noch ausserordentlich wenig bieten, finden wir reiches Material in einer Klasse von Wörterbüchern, welche die

---

[1]) Sourindro Mohun Tagore erzählt Maṇimâlâ II. 1042, dass es ihm erst nach langem Suchen gelungen sei, ein indisches Edelsteinbuch in der Bibliothek der Asiatischen Gesellschaft zu Calcutta aufzufinden, die Ratnaparîkshâ, Sanskrit mit Noten in Singhalesisch, also offenbar ein ganz junges Machwerk. Ein Ratnaçâstra auf wenigen Blättern ist verzeichnet bei Taylor, Catalogue raisonné, Madras 1860, II. 559.

Synonymik der in der Medicin verwendeten Stoffe liefern und die denselben beigelegten Kräfte aufzählen. An der Spitze dieser Werke steht der von dem Kashmirer Arzt **Narahari** verfasste **Râǵanighaṇṭu** (sprachlich richtiger, aber nicht so üblich **Nighaṇṭurâǵa** 'König der Wörterbücher'), der allem Anschein nach auch inhaltlich die grösste Vollständigkeit bietet. Die Abfassungszeit dieses Werkes, das sich wegen seiner Reichhaltigkeit als Grundlage für Forschungen in der erwähnten Richtung empfiehlt, können wir mit hoher Wahrscheinlichkeit bestimmen. **Udoy Chand Dutt**, Materia Medica XII, setzt es mit Berufung auf **Madhusudan Gupta** in das 13te Jahrhundert und bemerkt, dass es deshalb nicht älter sein kann, weil zwei früher in Indien unbekannte Stoffe, Opium und Quecksilber, in ihm behandelt sind. Nun bietet uns der Name des Patrons, **Nṛsiṁha**, der von **Narahari** in den Schlussversen der einzelnen Varga als der Förderer seines Werkes erwähnt wird (cf. bei uns V. 223), eine Handhabe zu genauerer Datirung. Wie Herr Professor **Bühler** mir auf meine Anfrage freundlichst mittheilte, hat nämlich in Kashmir von 4362—4377 der Saptarshi-Aera ein König **Siṁhadeva** geherrscht, der auch **Nṛsiṁha** genannt wird.[1]) Da die Saptarshi-Aera am ersten Tage der lichten Hälfte des Monats Ḱaitra im 26ten Jahre des Kalijuga, d. h. im Jahre 3127 v. Chr., beginnt, so gewinnen wir für die Regierung des **Nṛsiṁha** und damit für die Grenzen, innerhalb deren unser Wörterbuch verfasst sein muss, die Zeit von 1235—1250 unserer Aera.

Das über die Mineralien handelnde Capitel des Râǵanighaṇṭu, welches ich im Original und in Uebersetzung vorlege, will

---

[1]) Die wichtigste Stelle ist **Ǵonarâǵa** I. 119, wo es heisst:

nagarântar maṭham kṛtvâ lahareṇdre mṛte sati |

siṁhadevo nṛsiṁho 'tha kshmâṁ rarakshâ kshajâkulâm

Hier wird **Nṛsiṁha** nicht als Epitheton ornans, sondern als Beiname aufzufassen sein.

natürlich mit dem Maassstabe seiner Zeit gemessen sein. Wer aber für die Geschichte der in der Erörterung dieses Stoffes berührten Wissenschaften Sinn hat[1]) und nicht gewohnt ist mit Hohnlächeln auf das zu blicken, was frühere Zeiten und ferne Völker über solche Dinge gedacht und gelehrt haben, wird zugeben, dass die Veröffentlichung dieses Buches nicht allein aus philologischen Rücksichten wünschenswerth war. Wir lernen hier, welche Beurtheilung und Benutzung die Mineralien in Indien fanden, wir erhalten eine Reihe von Nachrichten über die chemische Behandlung derselben und erfahren schliesslich, dass mancherlei Wirkungen, welche diese Stoffe auf den menschlichen Körper ausüben, richtig beobachtet waren. Die Angaben über diesen letzten Punkt jedoch sind durchsetzt mit den Ausflüssen des Aberglaubens, der — wie von vorn herein zu erwarten stand, und um so mehr als dies im Occident geradeso der Fall war — im höchsten Maasse die edlen Steine umgiebt. Schon wegen der systematischen Consequenzmacherei der Inder konnten da, wo allen anderen Mineralien medicinische Kräfte beigelegt wurden, die Juwelen nicht leer ausgehen; da sie keine factischen besassen, sagte man imaginäre von ihnen aus und, je seltener der Stein war, desto zahlreichere und vorzüglichere. Dann aber mag dies noch aus anderen Gründen im Interesse der Heilkünstler gelegen haben; denn wer von einem reichen Manne oder Fürsten sich Edelsteine geben liess um ein Elixir daraus zu machen, hat dazu gewiss nicht diese Steine genommen.

Nahe das Gebiet des Aberglaubens streift auch das der ganzen indischen Medicin zu Grunde liegende künstlich zurechtgemachte pathologische System, welches fast alle Krankheiten

---

[1]) Denjenigen, welche der Geschichte der Mineralien im allgemeinen nachzugehen wünschen, seien die reichhaltigen Artikel in Schade's Altdeutschem Wörterbuch (2. Aufl.) empfohlen.

auf Störungen in den drei humores, Galle, Schleim und Wind, 'den drei Pfeilern des menschlichen Organismus', zurückführt. Man betrachtete es als eine Hauptaufgabe die Einwirkung eines jeden Stoffes auf diese Leben und Wohlsein bedingenden Elemente, unter denen merkwürdiger Weise das Blut nicht genannt ist, zu constatiren.[1]) Es liegt auf der Hand, dass fast alles in dieser Hinsicht behauptete rein theoretisch construirt ist und nicht etwa auf praktischer Erfahrung beruht. Das gleiche gilt von einer weiteren Qualität, welche jeder officinelle Artikel angeblich aufweisen soll: eine von Natur aus ihm innewohnende Temperatur. Jeder Stoff muss entweder warm oder kalt sein. Da nun nur bei den Edelsteinen, welche sich wirklich mehr oder weniger kalt anfühlen, eine thatsächliche Beobachtung zu Grunde liegt, haben wir es hier im allgemeinen mit rein imaginären Eigenschaften zu thun. Aber die 'schrulligen Inder' sind nicht die einzigen, welche auf einen solchen Gedanken verfielen; vielmehr ist derselbe bei uns ganz neuerdings wieder mehrfach aufgetaucht, z. B. in der Od-Lehre des Herrn v. Reichenbach, nach welcher die verschiedensten Stoffe entweder Kühle oder Lauheit ausströmen.

Von besonderem Werth für das Verständniss und die Erläuterung des vorliegenden Textes war mir Bhâvamiçra's Bhâvaprakâça (edited by Paṇḍit Jîvânanda Vidyâsâgara, Calcutta 1875), eine medicinische Encyclopädie aus dem 16ten Jahrhundert, und die schon oben erwähnte Arbeit eines indischen Zeitgenossen, der mit einer ausgedehnten Kenntniss der einheimischen Medicin nicht deren Vorurtheile verbindet: The Materia Medica of the Hindus, compiled from Sanskrit Me-

---

[1]) Cf. Wise, Commentary on the Hindu System of Medicine, New Issue, London 1860, p. 42 ff.

dical Works by Udoy Chand Dutt, Calcutta 1877 (von mir citirt als Mat. Med.).

Für den letzten Abschnitt über die Edelsteine zog ich zu Rathe: Maṇimâlâ, or a treatise on gems, by Sourindro Mohun Tagore, Part I, II. Calcutta 1879, 1881. Dieses Werk[1]) besteht theils aus Abhandlungen über die einzelnen Steine, theils aus Sanskritversen, welche den verschiedensten Quellen entstammen und zum Theil erst für diese Arbeit verfasst zu sein scheinen, mit Bengâli-, Hindi- und englischer Uebersetzung. Eine Anzahl dieser Verse entstammt dem Râganighaṇṭu, welcher auch II. 1034 als benutzte Quelle in der Form Râganirghaṇṭaḥ angeführt ist. Wenn sich auch aus dieser Maṇimâlâ mancherlei Belehrung schöpfen lässt, so darf man doch den Werth dieses umfangreichen Buches nicht überschätzen. Die einzelnen Beiträge der Herren, 'from whom the author has received help in the getting of the Maṇimâlâ' (II. 1038), sind ohne Rücksicht auf das harmonische Ineinandergreifen zusammengestellt, die Uebersetzungen sind flüchtig und verrathen Unbekanntschaft mit den technischen Ausdrücken. Ich citire das Werk als Maṇim., je der Art der einzelnen Theile entsprechend nach Seiten oder Versen: im letzteren Falle ist der Zahl ein V. vorgesetzt.

Ueber die Realien, soweit sie in Betracht kamen, habe ich Auskunft gesucht in dem Handwörterbuch der reinen und angewandten Chemie, herausgegeben von Liebig, Poggendorff und Wöhler, Braunschweig 1842—1864, und bei Kluge, Handbuch der Edelsteinkunde, Leipzig 1860.

Bei einem erweiterten Plan hätten für meine Arbeit die übrigen medicinischen Nighaṇṭus und die Masse sonstiger einschlägiger Werke, welche übrigens zum grossen Theil im Bhâva-

---

[1]) Vgl. über dasselbe A. Weber in der Deutschen Litteraturzeitung 1881, Nr. 4, S. 144.

prakâça verarbeitet sind, berücksichtigt und die Synonymik vielleicht um einige Namen vervollständigt werden können. Für die Erklärung des von mir herausgegebenen Textes ist durch einen Verzicht auf diese Ausbreitung nichts verloren, und für mich persönlich war eine gewisse Beschränkung geboten, weil die Abfassung dieses Schriftchens nur neben einer grösseren Publication hergehen konnte, auf deren regelmässigen Fortgang ich glaubte vor allen Dingen bedacht sein zu müssen.

Wenn meine Arbeit in der vorliegenden Fassung vor das Publicum tritt, so habe ich das zum grossen Theil dem gütigen Beistande des Herrn Prof. Roth zu verdanken, der bei einer Durchsicht des Entwurfes eine Reihe von Irrthümern berichtigt und mir viele werthvolle Fingerzeige gegeben hat. Insbesondere schulde ich meinem früheren Lehrer, dem ich für seine fortgesetzte Theilnahme an meinen wissenschaftlichen Arbeiten zum wärmsten Danke verpflichtet bin, viele Citate aus mir unzugänglichen Werken, wie Çabdakalpadruma und Nighaṇṭuprakâça. — Meinem Freunde Herrn Dr. A. Hillebrandt danke ich bestens für seine Unterstützung bei der Correctur.

Königsberg i/Pr., Mai 1882.

R. Garbe.

RÀǴANIGHAṆṬU VARGA XIII

Die Handschriften.

A. Codex Havniensis, Westergaard's Catal. Codices Indici No. XXXVII. — 258 Seiten, deren jede numerirt ist (Varga XIII mit 215 Versen auf fol. 153—171). Bengali-Charaktere. Undatirt, aber ziemlich modern, aus dem vorigen oder aus diesem Jahrhundert.

B. Ein im Besitze des Herrn Prof. Roth befindliches MS. — 248 Blätter (Varga XIII mit 225 Versen auf fol. 142^b—158^b). Devanâgari-Charaktere. Moderne Abschrift, Samvat 1929 = A. D. 1873. In einem näheren verwandtschaftlichen Verhältniss mit

C. India Office Library 209. — 154 Blätter (Varga XIII mit 228 Versen auf fol. 91^b—100^b). Devanâgari-Charactere. Undatirt, aber wohl über 100 Jahre alt.

D. India Office Library 1507. — 188 Blätter (Varga XIII mit 227 Versen auf fol. 118^b—132^b). Devanâgari-Charaktere. Das MS. enthält hinter Narahari's Râganighaṇṭu noch auf 51 Blättern den Nighaṇṭu des Dhanvantari, von einer andern Hand geschrieben, am Schluss datirt Samvat 1857 = A. D. 1801. — Dieses MS., von dessen Existenz ich durch die Güte des Herrn Prof. Aufrecht erfuhr, geht deutlich auf dieselbe Vorlage zurück wie unsere Handschrift A; es ist aber erheblich weniger correct als die drei übrigen MSS. und voll von Schreibfehlern, mit deren Registrirung ich den kritischen Apparat nicht beladen zu dürfen glaubte.

Da die genannten vier Handschriften völlig zur Herstellung eines gesicherten Textes ausreichen und da die MSS., welche den Citaten im Çabdakalpadruma, im Nighaṇṭuprakâça und in der

Maṇimâlâ zu Grunde liegen, auch nichts neues und besseres bieten, so konnte ich mit gutem Gewissen auf die Collation des der Bodleiana gehörigen Codex verzichten, der von Aufrecht Catalogus unter No. 765, S. 323, 324 beschrieben und als 'hoc seculo ineunte parum accurate exaratus' bezeichnet ist. In Indien selbst müssen noch viele Handschriften des Râǵanighaṇṭu vorhanden sein; mehrere befinden sich in der Palace Library in Tanjore (Burnell, Classified Index No. XLVII auf S. 71).

Text.

1. trisvarṇa[1])-raupja-tâmrâṇi trapu-sîsa-dviritikâ kâṁsjâjo[2]) vartakaṁ kântaṁ kiṭṭaṁ muṇḍaṁ[3]) ka tîkshṇakam
2. çilâ-sindûra-bhûnâgaṁ hiṅgulaṁ gairikaṁ dvidhâ | tuvari haritâlaṁ ka çilâǵid gandhakaṁ katuḥ |
3. sikthakaṁ ka dvikâsîsaṁ mâkshikaṁ[4]) pañkadhâ 'ñǵanam kaṁpillaṁ[5]) tuttharasakaṁ pâradaṁ kâ 'bhrakaṁ katuḥ
4. sphaṭî[6]) ka kshullakaḥ çaṅkhaḥ[7]) kapardaḥ[8]) çuktikâ dvidhâ khaṭinî[9]) dugdhapâshâṇo vimalâ ka dvidhâ matâ |
5. sikatâ ka dvikaṅkushṭhaṁ[10]) çaraveda[11])-mitâhvajâ atha ratnanavaṁ vakshje padmarâgâdikaṁ kramât ||
6. mâṇikja-muktâphala-vidrumâṇi gârutmataṁ sjâd atha pushparâgaḥ | vaǵraṁ[12]) ka nîlaç[13]) ka navakrameṇa gomeda-vaiḍûrja[14])-jutâni tâni ||
7. sphaṭikaç ka sûrjakânto vaikrântaç kandrakântakaḥ[15]) râǵâvartaḥ peroǵaḥ[16]) sjâd ubhau bâṇâç ka saṁkhjajâ |
8. svarṇaṁ suvarṇa[17])-kanako-'ǵǵvala-kâñkanâni kaljâṇa[18])-hâṭaka-hiraṇja-manoharâṇi | gâṅgeja-gairika-mahâraǵatâ-'gnivîrja-rukmâ-'gni-hema-tapanîjaka-bhâskarâṇi |

---

[1]) AD triḥ svarṇa [2]) B kâṁsjâjaṁ [3]) AD muṇḍuṁ [4]) C mâkshikau [5]) So neutr. die Hdss. [6]) A sphuṭî, C sphatî [7]) BC kshullakaṁ kandau, D kshullakaṁ çâkho anstatt kshullakaḥ çaṅkhaḥ [8]) BCD kapardî [9]) BC khaḍanî [10]) A dvikuṅkushṭhaṁ [11]) In A ist aus çaraveda (45) verbessert navabâṇa [12]) AD vaǵraç [13]) BC nîlaṁ [14]) A vaidûrja, D vaiḍûrja [15]) B °kântaraḥ, C °kântakâḥ [16]) BCD peroǵau [17]) B suvarṇaṁ varṇaṁ, C svarṇavarṇa [18]) A kalpâṇa, offenbar auf Grund einer verlesenen Devanâgari-Vorlage.

9. ǵâmbûnadâ-'shṭâpada-ǵâtarûpa-piṅǵâna-ǩâmikara-karvurâṇi | [1])kârtasvarâ-'piṅǵara-bharma[2])-bhûri-toǵâṁsi dîptâ-'mala-pîtakâni ||
10. maṅgalja[3])-saumerava-çâtakumbha-çṛṅgâra-ǩandrâ-'ǵara[4])-ǵâmbavâni | âgneja-nishkâ-'gniçikhâni ǩe 'ti netrâbdhi-nirdhârita-hemanâma |
11. svarṇaṁ snigdha-kashâja-tikta-madhuraṁ, doshatraja[5])-dhvaṁsanam[6]) çîtaṁ svâdu rasâjanaṁ ǩa, rukikṛǩ ǩakshushjam âjushpradam | pragñâ-vîrja-bala-smṛti-svara-karaṁ, kântiṁ tanor âtanotj | âdhatte duritakshajaṁ çrijam, idaṁ dhatte nṛṇâṁ dhâraṇât
12. dâho 'tiraktam atha jaǩ ǩa sitaṁ ǩhidâjâṁ, kâçmirakânti ǩa vibhâti nikâshapaṭṭe | snigdhaṁ ǩa gauravam upaiti ǩa jat tulâjâṁ, ǵâtjaṁ tad eva kanakaṁ mṛdu pîtaraktam[7])
13. taǩ ǩai 'kaṁ rasavedhaǵaṁ[8]), tad aparaṁ ǵâtaṁ svajaṁ bhûmiǵam | kiṁ ǩâ 'njad[9]) bahulohasaṁkarabhavaṁ ǩe 'ti tridhâ kâñǩanam tatrâ 'djaṁ kila pîtaraktam, aparaṁ raktaṁ, tato 'njat[10]) tathâ | gaurâbhaṁ tad iti krameṇa tad idaṁ[11]) sjât pûrvapûrvottamam |

14. raupjaṁ çubhraṁ vasuçreshṭhaṁ[12]) rukiraṁ[13]) ǩandralohakam | çvetakaṁ tu mahâçubhraṁ raǵataṁ[14]) taptarûpakam |
15. ǩandrabhûti[15]) sitaṁ[16]) târaṁ kaladhaute-'ndulohakam | rûpjadhautaṁ[17]) tathâ saudhaṁ[18])ǩandrahâsaṁ[19]) munindukam |
16. raupjaṁ snigdha[20])-kashâjâ-'mlaṁ vipâke madhuraṁ saram[21]) | vâta-pitta-haraṁ ruǩjaṁ vali-palita-nâçanam |
17. dâha-ǩǩheda-nikâshṇeshu[22]) sitaṁ[23]) snigdhaṁ ǩa jad guru | sugharsho 'pi ǩa varṇâḍhjam, uttamaṁ tad udîritam |

---

[1]) C kîrta° [2]) BC marma, D varma [3]) BC mâṅgalja [4]) BC °ṅgana [5]) ACD doshatrajaṁ [6]) A dhvaṁsinam. [7]) AD ratnapîtam, B pâtaraktam, C pîtaratnam [8]) C °vedhakaṁ [9]) Corrigirt; die Hdss. 'njaṁ [10]) AD 'njaṁ [11]) A uditaṁ für tad idaṁ [12]) BC vasuçreshṭhe [13]) AD rukidaṁ [14]) C râǵataṁ [15]) BCD ǩandrabhûtiḥ [16]) A çitaṁ [17]) So C, ABD rûpjaṁ dhautaṁ; die Lesart von C ist zu wählen, weil sich sonst nicht die Zahl 17 (munîndu) ergeben würde. [18]) So AD; B çaudhjaṁ, C çodhaṁ; cf. PW s. v. saudha 4. [19]) B °hâsjaṁ [20]) BC snigdhaṁ [21]) BC rasam [22]) BC nikâçeshu, AD kashâjeshu [23]) AD sita.

18. tâmraṁ mleḱḱhamukhaṁ çulbaṁ[1]) tapaneshṭam udumbaram | ambakaṁ ḱâ 'ravindaṁ[2]) ḱa ravilohaṁ ravipríjam | raktaṁ [3])nepâlakaṁ ḱai 'va raktadhâtuḥ[4]) karendudhâ ||

19. tâmraṁ supakvaṁ madhuraṁ kashâjaṁ tiktaṁ, vipâke kaṭu, çitalaṁ ḱa | kaphâpahaṁ pittaharaṁ vibandha-çûla-ghnapâṇḍû-'daragulma-nâçi ||

20. ghana-ghâtasahaṁ snigdhaṁ raktapattrâ[5])-'malaṁ mṛdu[6]) | çuddhâkara-samutpannaṁ tâmraṁ çubham[7]) asaṁkaram[8]) |

21. trapu trapusam[9]) âpûshaṁ[10]) vaṅgaṁ ḱa madhuraṁ[11]) himam | kurûpjaṁ piḱḱaṭaṁ raṅgaṁ[12]) pûtigandhaṁ daçâhvajam ||

22. trapu[13]) kaṭukaṁ tikta-hima[14])-kashâjaṁ lavaṇaṁ saraṁ ḱa meha[15])-ghnam | kṛmi-pâṇḍu-dâha-çamanaṁ kântikaraṁ tad rasâjanaṁ ḱai 'va ||

23. çvetaṁ laghu mṛdu svaḱḱhaṁ snigdham ushṇasahaṁ himam | sûtrapattrakaraṁ kântaṁ trapuçreshṭham udâhṛtam ||

24. sisakaṁ tu ǵaḍaṁ sîsaṁ javaneshṭaṁ bhuǵaṁgamam jogishṭaṁ[16]) nâgam uragaṁ[17]) kuvaṅgaṁ paripishṭakam[18]) |

25. mṛdukṛshṇâjasaṁ padmaṁ târaçuddhikaraṁ smṛtam | [19])sirâvṛttaṁ ḱa[20]) vaṅgaṁ sjâḱ ḱinapishṭaṁ[21]) ḱa shoḍaça[22])

26. çitaṁ[23]) tu vaṅgatuljaṁ[24]) sjâd rasa-virja-vipâkataḥ | ushṇaṁ ḱa kapha-vâta-ghnam arçoghnaṁ gurulekhanam ||

27. varṇe[25]) nîlaṁ mṛdu snigdhaṁ nirmalaṁ ḱa sugauravam | raupjasaṁçodhane kshipraṁ sîsakaṁ ḱa tad uttamam |

28. rîtiḥ[26]) kshudrasuvarṇaṁ siṁhalakaṁ piṅgalaṁ[27]) ḱa pîta-

---

[1]) B çvalaṁ [2]) AD °daç [3]) A nai° [4]) BC raktaṁ dhâtuḥ [5]) BC °pâtrâ, in A ist °patrâ aus °pittâ corrigirt. [6]) AD mṛduḥ [7]) B çubhram [8]) BC asaṁskaram [9]) AD trâpusam [10]) So A und Çkdr.; BC âṅjûkaṁ, D âtpûkaṁ [11]) AD madhukaṁ [12]) A raktaṁ [13]) BC trapuḥ [14]) So wegen des Metrums (Gîti); AD tiktaṁ himaṁ, BC tiktaṁ hi [15]) BC hema. [16]) C jogîshṭaṁ [17]) BC ugaṁ [18]) AD paripishṭakam [19]) A sirâ° [20]) AC fügen jo hinter ḱa ein [21]) A °pishṭaṁ, D °pishṭaç [22]) AD shoḍaçaḥ [23]) C sîsaṁ [24]) Corrigirt, die Hdss. haben vaṅgaṁ tuljaṁ [25]) BC svarṇe [26]) BC rîtiḥ [27]) A siṁhalaṁ piṅgalakaṁ, D siṁhalaṁ piṅgalaç, in BC fehlt °laṁ piṅgala° zwischen siṁha — kaṁ; wie ich geschrieben, verlangt es das Metrum (Gîti).

lakam[1]) [2])lohitakam ârakûṭaṁ[3]) piṅgala[4])-lohaṁ ka pitakaṁ navadhâ

29. râgaritiḥ kâkatuṇḍî râgaputrî maheçvarî | brâhmaṇî brahmaritiç ka kapilâ piṅgalâ 'pi ka

30. ritikâjugalaṁ tiktaṁ çitalaṁ lavaṇaṁ rase | çodhanaṁ pâṇḍuvâta-ghnaṁ kṛmi-plihârti-pitta-git |

31. çuddhâ snigdhâ mṛduḥ çitâ suraṅgâ sûtrapattriṇi | hemopamâ çubhâ[5]) svakkhâ[6]) gâtjâ ritiḥ prakirtitâ |

32. kâṁsjaṁ saurâshṭrikaṁ ghoshaṁ kaṁsîjaṁ[7]) vahnilohakam | diptaṁ lohaṁ[8]) ghoraghushjaṁ[9]) diptakaṁsaṁ[10]) navâhvajam[11]) |

33. kâṁsjaṁ tu tiktam ushṇaṁ kakshushjaṁ vâta-kapha-vikâraghnam rûkshaṁ kashâja[12])-rukjaṁ laghu dipana-pâkanaṁ pathjam

34. çvetaṁ diptaṁ mṛdugjotiḥ çabdâḍhjaṁ snigdha-nirmalam | ghanâ-'gnisaha[13])-sûtrâṅgaṁ[14]) kâṁsjam uttamam iritam ||

35. vartalohaṁ vartatikshṇaṁ vartakaṁ lohasaṁkaram | nilakaṁ[15]) nilalohaṁ ka lohagaṁ baṭṭalohakam[16]) |

36. vartalohaṁ[17]) kaṭû 'shṇaṁ ka tiktaṁ ka çiçiraṁ tathâ | kaphahṛt pittaçamanaṁ, madhuraṁ dâha-meha-nut ||

37. ajaskântaṁ[18]) kântalohaṁ[19]) kântaṁ sjâl lohakântakam[20]) | kântâjasaṁ kṛshṇalohaṁ[21]) mahâlohaṁ ka saptadhâ ||

38. kântaṁ tikshṇo-'shṇa-rûkshaṁ sjât pâṇḍu-çopha-haraṁ param kapha-pittâ-'pahaṁ puṁsâṁ rasâjanam anuttamam |

39. api ka sjâd bhrâmakaṁ[22]) tad anu kumbaka-romakâ-'khjaṁ[23]), sjât khedakâkhjam[24]) iti tak ka katurvidhaṁ sjât | kântâç-

[1]) B pitalam [2]) AD lau° [3]) BC °kûṭaṁ [4]) AD piṅgalaṁ [5]) A subhâ [6]) A svahâ [7]) BC kaṁsljaṁ [8]) AD dohaṁ [9]) Corrigirt (cf. Böhtlingk, Wb. in kürz. Fass. s. v.), die Hdss. ghorapushpaṁ [10]) Corrigirt; AD °kaṁsa, BC °kaṁsu [11]) C navâhvakam [12]) AD kashâjaṁ gegen das Metrum (Ârjâ) [13]) BC °ghanâṅgasaha [14]) BC sûtrâṅga [15]) BCD nilikâ [16]) AD pallalohakam [17]) BCD idaṁ lohaṁ [18]) B athasthâṁtaṁ, C ajasthâṁtaṁ [19]) A loha ohne kânta [20]) A hat noch tathâ dahinter [21]) A kṛshṇaṁ lohaṁ [22]) A râmakaṁ, D bhrămakaṁ [23]) B °khjâ, C °khjă [24]) Corrigirt aus svedakâ° der Hdss., obschon auch Çkdr. svedaka und Ngh. Pr. svedaga haben, weil sich die Bezeichnung 'schwitzend' aus keiner Eigenschaft des Metalles erklärt (vgl. die Uebers.)

maloha[1])-guṇa-vṛddhi jathâkrameṇa dârḍhjâ-'ṅgakânti-ka-
ḱakârshṇja[2])-viroga-dâji |

40. tathâ ḱa | ajaskânta[3])-viçeshâḥ sjur[4]) bhrâmaka-ḱumbakâda-
jaḥ[5]) | rasâjanakarâḥ sarve deva[6])-siddhikarâḥ[7]) parâḥ[8]) |

41. na sûtena vinâ kântaṁ, na[9]) kântena vinâ rasaḥ | sûta-kânta-
samâjogâd rasâjanam udîritam ||

42. lohakiṭṭaṁ tu kiṭṭaṁ sjâl[10]) lohaḱûrṇam ajomalam | lohaǵaṁ
kṛshṇaḱûrṇaṁ ḱa kârshṇjam[11]) lohamalaṁ[12]) tathâ |

43. lohakiṭṭaṁ tu madhuraṁ kaṭûshṇaṁ kṛmi-vâta-nut | [13])
[14])paktiçûla-maruḱḱhûla[15])-meha-gulmârti-çopha-nut |

44. muṇḍaṁ muṇḍâjasaṁ loho dṛshatsâraṁ[16]) çilâtmaǵam[17]) |
açmaǵaṁ[18]) kṛshilohaṁ[19]) ḱa âraṁ[20]) kṛshṇâjasaṁ nava |

45. tîkshṇaṁ çastrâjasaṁ çastraṁ piṇḍaṁ[21])piṇḍâjasaṁ çaṭham |
âjasaṁ niçitaṁ[22]) tîvraṁ lohaṁ[23]) khaḍgam ḱa muṇḍaǵam[24]) |
ajaç ḱitrâjasaṁ[25]) proktaṁ ḱînaǵam ḱa[26]) tripaṅḱadhâ |

46. lohaṁ rûksho-'shṇa[27])-tiktaṁ sjâd vâta-pitta-kaphâ-'paham |
prameha-pâṇḍu-çûla-ghnaṁ, tîkshṇaṁ muṇḍâdhikaṁ smṛtam ||

47. svarṇaṁ samjag-açodhitaṁ [28])çramakaraṁ svedâvahaṁ[29])
duḥsaham | raupjaṁ[30]) ǵâṭhara-ǵâḍja[31])-mândja-ǵananaṁ,
tâmraṁ vami-bhrânti-dam | nâgaṁ ḱa[32]) trapu[33]) ḱâ 'ṅga-

---

[1]) So D; A kântâçmasneha, BC kâçmarjaloha [2]) Corrigirt; A °kârshṇa, B °kârṇja, C °kârtsnja oder °kârshṇja, D °kărshṇja [3]) AD °kântaṁ [4]) BC sjuḥ [5]) A bhrâmaka (ṁ getilgt) ṅǵarakâdajaḥ, B bhrâmakaṁ ḱumbakû°, C bhrâmakaç ḱumbakâ° [6]) D deho [7]) BC °karâ [8]) BC parâ [9]) In B fehlt kântaṁ na [10]) A kiṁ dṛçjâl; die Lesart ist durch ein als kidṛṁ verlesenes kiṭṭaṁ der Devanâgarî-Vorlage entstanden [11]) So C; B kaçarja, A loshṭaṁ von zweiter Hand, D kâshṇjaṁ [12]) BC °majaṁ [13]) Der zweite Halbvers fehlt in AD [14]) B paṅkti° [15]) C maruḱḱhûlaṁ, B maruçûlaṁ [16]) B lohavṛshatsâraṁ, C lohaṁ vṛshatsâraṁ [17]) B çikhâ° [18]) B arasa verb. in araǵa, C açmarǵa [19]) AD kṛçi° [20]) So (ḱa âraṁ) die vier Hdss. [21]) A pittaṁ, D piḷaṁ, in B fehlt das Wort [22]) AD tisitaṁ; in A ist verbessert miçitaṁ [23]) BC tîvra loha [24]) A muktaǵaṁ [25]) B athâjaçvatrâjasaṁ, C athăç ḱitrâjasaṁ [26]) ḱa fehlt in C [27]) B °shṇaṁ [28]) BD bhrama° [29]) AD svedâpahaṁ, doch ist in D khedâpahaṁ verbessert [30]) AD rûpjaṁ [31]) A ǵâta (D richtig) [32]) ḱa fehlt in B [33]) A tripu (D richtig).

doshadam, ajo gulmâdi-doshapradam[1]) | tikshṇaṁ çûlakaraṁ[2]) ka, kântam uditaṁ koshṭhâmaja[3])-sphoṭa-dam ||

48. viçuddhihînau[4]) jadi muṇḍatikshṇau[5]) kshudhâpahau gaurava-gulma-dâjakau | kâṁsjâjasaṁ[6]) kledaka-tâpa-kârakaṁ rîtjâ[7]) ka saṁmohana-çopha[8])-dâjakam ||

49. manaḥçilâ sjât kunaṭi[9]) manoǵñâ çilâ[10]) manohvâ[11]) 'pi ka nâgaǵihvikâ | nepâlikâ sjân manasaç ka guptâ kaljâṇikâ[12]) rogaçilâ daçâhvâ ||

50. manaḥçilâ[13]) kaṭu-snigdhâ lekhanî vishanâçanî[14]) | bhûtâveçabhajo-'nmâda[15])-hâriṇî vaçjakâriṇî ||

51. sindûraṁ nâgareṇuḥ sjâd raktaṁ[16]) sîmantakaṁ[17]) tathâ | nâgaǵaṁ nâgagarbhaṁ ka çoṇaṁ[18]) vîraraǵaḥ smṛtam ||

52. gaṇeçabhûshaṇaṁ saṁdhjârâgaṁ[19]) çṛṅgârakaṁ smṛtam | saubhâgjam aruṇaṁ kai 'va maṅgaljaṁ manusaṁmitam[20]) ||

53. sindûraṁ kaṭukaṁ tiktam ushṇaṁ vraṇaviropaṇam | kushṭhâ-'sra[21])-visha-kaṇḍûti-visarpa-çamanaṁ param ||

54. suraṅgo 'gnisahaḥ sûkshmaḥ[22]) snigdhaḥ svakkho gurur mṛduḥ | suvarṇâkaraǵaḥ[23]) çuddhaḥ sindûro maṅgalapradaḥ ||

55. bhûnâgaḥ kshitinâgaç ka bhûǵantû[24]) raktaǵantukaḥ[25]) | kshitiǵaḥ kshitiǵantuç ka bhûmiǵo raktatuṇḍakaḥ |

---

1) A prada, CD pradau 2) B bhûlakaraṁ 3) BC kârçjâmaja, D kârshṇjâmaja 4) AD samjag viçuddhirahitau gegen das Metrum (Ǵagati Upaǵâti), BC viçuddhahinau 5) BC °tîkshṇa; der Zusammenhang gebietet mit AD tikshṇau zu lesen, obwohl das Metrum an dessen Stelle einen Creticus verlangte; es ist hier eine Upendravaǵrâ-Zeile anstatt der Vaṁçastha-Zeile eingetreten, wie genau der umgekehrte Fall in der zweiten Zeile des folgenden Verses vorliegt 6) B kâṁsjâjanaṁ 7) AD rîtjâ 8) BC mâna statt çopha 9) AB kulaṭî; aber kunaṭî (die Lesart von CD) haben auch — wie Herr Prof. Roth mir mittheilt — Nigh. Pr., Bhâvapr. an mehreren Stellen, Dhanvantari 3, 56 und Madanapâla 52, 24; sonach wird diese Form als die gewöhnliche zu betrachten sein 10) AD çilâ 11) In A ist aus ursprünglichem manohvâ irrthümlich manoǵñâ corrigirt 12) A kalpâṇikâ, Schreibfehler, wie V. 8, auf der Aehnlichkeit von j und p in der Devanâgarî-Vorlage beruhend. 13) B manaḥçilâ 14) B °nâçinî 15) BC bhûtâmajonmâdahârî 16) BC rakta 17) AD çîmantakaṁ 18) BC çoṇa 19) BC °râga 20) BC °saṁmito 21) B rû anstatt sra 22) A çûkshmaḥ 23) BC suvarṇâkaraǵâ 24) BC bhûǵantu 25) C raktaǵantakaḥ.

56. bhûnâgo vaǵramâre sjân nânâviǵñânakârakaḥ | rasasja[1]) ǵâraṇo ḱo 'ktas[2]), tatsattvaṁ tu vishâpahaṁ[3]) ||

57. hiṅgulaṁ barbaraṁ raktaṁ suraṅgaṁ sugaraṁ[4]) smṛtaṁ raṅǵanaṁ[5]) daradaṁ mleḱḱhaṁ ḱitrâṅgaṁ ḱûrṇapâradam
58. añjaḱ ḱarmârakaṁ[6]) ḱai 'va maṇirâgaṁ rasodbhavam raṅǵakaṁ rasagarbhaṁ ḱa bâṇabhûsaṁkhja-saṁmitam[7]) |
59. hiṅgulaṁ madhuraṁ tiktam [8])ushṇa-vâta-kaphâ-'paham, tridosha-dvandvadosho-'tthaṁ ǵvaraṁ harati sevitam |

60. gairikaṁ raktadhâtuḥ sjâd giridhâtur gavodhukam[9]) | dhâtuḥ sa raṅgadhâtuç[10]) ḱa giriǵaṁ girimṛdbhavam ||
61. [11])suvarṇagairikaṁ ḱâ 'njat svarṇadhâtuḥ suraktakam | saṁdhjâbhraṁ babhrudhâtuç ḱa çilâdhâtuḥ shaḍâhvajaḥ[12]) |
62. gairikaṁ madhuraṁ çitaṁ kashâjaṁ vraṇaropaṇam | visphoṭâ-'rço-'gnidâha-ghnaṁ, varaṁ[13]) svarṇâdikaṁ[14]) çubham ||

63. tuvarî mṛḱ ḱa saurâshṭrî mṛtsâ 'saṅgaḥ[15]) surâshṭraǵâ bhûghni mṛtâlakaṁ kâṁsî[16]) mṛttikâ suramṛttikâ | stutjâ[17]) kâṅkshî[18]) suǵâtâ ḱa ǵñejâ ḱai 'vaṁ ḱaturdaça
64. tuvarî tikta-kaṭukâ kashâjâ 'mlâ ḱa lekhanî ḱakshushjâ grâhiṇî[19]) ḱhardi[20])-pitta-saṁtâpa[21])-hâriṇî |

65. haritâlaṁ godantaṁ pitaṁ[22]) naṭamaṇḍanaṁ ḱa gauraṁ

---

[1]) B rasasjâ [2]) Corrigirt; die Hdss. haben tû 'ktaṁ. Das doppelte tu kann dem Zusammenhang nach ebenso wenig richtig sein, als das neutr. uktaṁ; denn uktaṁ wäre nur auf tatsattvaṁ zu beziehen und das ist der Sache nach unmöglich (vgl. die Uebers.). [3]) BC rasâjanam statt vishâpaham (AD); das letztere hat auch Çkdr., worüber im PW s. v. kshitinâga zu vgl. ist. [4]) fehlt in C [5]) BC raganaṁ [6]) B ḱa bhârakaṁ, C ḱa mârakaṁ; ḱarmârakaṁ, wie A (D hat ḱarmârakaç), lesen auch Ngh. Pr. und Çkdr., und Bhâvapr. I. 1. 261, 6, 8 hat ḱarmâra [7]) C saṁmatam [8]) In A fehlt die Stelle von ushṇa an bis zum Ende des Verses; in D steht sie [9]) A gavedhukaḥ, D gavedhuka [10]) BC saṁraṅgadhâtuç, Çkdr. und Nigh. Pr. haben suraṅgadhâtu [11]) B suvarṇaṁ gairikaṁ [12]) C shaḍâhvajam [13]) B varja, C varṇja [14]) AD svarṇâdike [15]) C °saṅguḥ [16]) A kâlî, D kâṁsî [17]) B raktâ, C raktatjâ [18]) A kâṅkshau (D richtig). Sowohl stutjâ wie kâṅkshî sieht verdächtig aus, aber auch Çkdr. und Nigh. Pr. lesen so; kâṅkshî steht auch Bhâvapr. I. 1. 265, 23. [19]) BC grâhaṇî [20]) B khardiḥ [21]) B saṁǵñâpa [22]) BC pita.

ka | kitrâṅgaṁ[1]) piṅgarakaṁ bhaved alaṁ[2]) tâlakaṁ ka tâlaṁ ka ||

66. kanakarasaṁ kâṅkanakaṁ biḍâlakaṁ[3]) kai 'va kitragandhaṁ ka piṅgaṁ ka piṅgasâraṁ gaurilalitaṁ[4]) ka[5]) saptadaçasaṁgñam

67. haritâlaṁ kaṭû 'shṇaṁ ka snigdhaṁ tvagdosha-nâçanam | bhûtabhiti-praçamanaṁ visha-vâta-rugârti-git ||

68. çilâgatu[6]) sjâd açmotthaṁ çailaṁ girigam açmagam açmalâkshâ 'çmagatukaṁ gatvaçmakam iti smṛtam |

69. çilâgatu bhavet tiktaṁ kaṭû 'shṇaṁ ka rasâjanam | meho[7])'nmâdâ-'çmari-çopha-kushṭhâ-'pasmâra-nâçanam ||

70. gandhako gandhapâshâṇo[8]) gandhâçmâ gandhamodanaḥ | pûtigandho 'tigandhaç ka vaṭaḥ saugandhikas tathâ ||

71. sugandho divjagandhaç[9]) ka gandhaç ka rasagandhakaḥ | kushṭhâriḥ[10]) krûragandhaç ka kiṭaghnaḥ çarabhûmitaḥ[11]) |

72. gandhakaḥ[12]) kaṭur ushṇaç[13]) ka tivragandho 'tivahnikṛt[14]) | vishaghnaḥ kushṭha - kaṇḍûti - khargu[15]) - tvagdosha - nâçanaḥ[16]) |

73. çveto raktaç ka pitaç ka nilaç ke 'ti.katurvidhaḥ | gandhako varṇato[17]) gñejo bhinnabhinnaguṇâçrajaḥ ||

74. çvetaḥ kushṭhâpahâri sjâd rakto[18]) lohaprajogakṛt | pito rasaprajogârho nilo[19]) varṇântarokitaḥ[20]) ||

75. sikthakaṁ madhugaṁ sikthaṁ vighasaṁ[21]) madhusaṁbhavam | madhûkaṁ[22]) ka madhûkkhishṭaṁ madanaṁ makshikâmalam[23]) ||

76. kshaudrejaṁ pitarâgaṁ ka snigdhaṁ mâkshikagaṁ tathâ |

---

[1]) BD kitrâṅga [2]) So allein D; A hat anstatt bhaved alaṁ nur 'ved alaṁ' und zwar über der Zeile, BC dabhavedalam [3]) Alle Hdss. viḍâlakaṁ [4]) AD gaurilalitaṁ [5]) fehlt in AD [6]) BC çilâgatuḥ [7]) B moho [8]) A gandhapâshâṇau (D richtig) [9]) B divjagandhâç [10]) BC kushṭhâri [11]) A çarabhûmigaḥ (D richtig) [12]) A gandhakas tu [13]) A katûshṇaç [14]) A 'tivahnidaḥ [15]) C khargû [16]) BC nâçanam [17]) AD varṇako [18]) B raktaḥ! [19]) BC nila [20]) So D und Çkdr.; A varṇâtarokitaḥ, BC varṇâtarokitaḥ [21]) So Çkdr.; A vidhusaṁ, BC vipasaṁ, D vighusaṁ [22]) C madanakaṁ [23]) B makkhikâmalam.

kshaudrakaṁ madhuçeshaṁ ka drâvakaṁ makshikâçrajam[1]) madhûshitaṁ[2]) ka saṁproktaṁ madhûtthaṁ ko 'naviṁçatiḥ[3]) |

77. sikthakaṁ piḱkhalaṁ svádu kushṭha-vâtâ-'sra[4])-ǵin mṛdu[5]) | kaṭusnigdhaṁ ka lepena sphuṭitâṅgaviropaṇam ||

78. kâsîsaṁ dhâtukâsîsaṁ kesaraṁ haṁsalomaçam[6]) | çodhanaṁ pâṁsukâsîsaṁ[7]) çubhraṁ saptâhvajaṁ matam ||

79. kâsîsaṁ tu kashâjaṁ sjâḱ ḱhiçiraṁ[8]) visha-kushṭha-ǵit | khar-ǵu-kṛmi-haraṁ ḱai 'va ḱakshushjaṁ kântivardhanam ||

80. dvitijaṁ pushpakâsîsaṁ vatsakaṁ ka malimasam[9]) | hrasvaṁ netraushadhaṁ dhautaṁ[10]) viçadaṁ[11]) nîlamṛttiká ||

81. pushpaḱâsîsakaṁ tiktaṁ çîtaṁ[12]) netrâmajâpaham | lepena pâma-kushṭhâ-'di[13])-nânâ-tvagdosha-nâçanam ||

82. mâkshikaṁ[14]) ḱai 'va mâkshikaṁ pîtakaṁ dhâtumâkshi-kam | tâpîǵaṁ[15]) tâpjakaṁ[16]) tâpjam âpîtaṁ [17])pîtamâkshi-kam ||

83. âvartaṁ[18]) madhudhâtuḥ[19]) sjât kshaudraṁ dhâtus[20]) tathâ paraḥ | prokto[21]) mâkshikadhâtuç ḱa bâṇabhûr[22]) hemamâk-shikam ||

84. mâkshiḱaṁ madhuraṁ tiktam amlaṁ kaṭu kaphâ-'paham bhrama-hṛllâsa-mûrḱhârti-çvâsa-kâsa[23])-vishâ-'paham ||

85. mâkshikaṁ dvividhaṁ proktaṁ hemâhvaṁ târamâkshikam | bhinnavarṇaviçeshatvâd[24]), îshad[25]) vîrjâdhikaṁ[26]) pṛthak ||

---

[1]) B madhurâkâçrajam, C madhûkâçrajam setzen ein der von AD gebotenen Lesart synonymes madhûkâçrajam voraus; Çkdr. und Nigh. Pr. lesen mâshikâçrajam [2]) So BC, Ngh. Pr. und Bhâvapr. I. 2. 63. 4; A madhuçîtaṁ, D madhûçîtaṁ verb. in madhûçîtaṁ, Çkdr. madhûtthitaṁ [3]) BC 'nnaviṁçatiḥ [4]) sra fehlt in B, C hat ri dafür [5]) BD mṛduḥ [6]) AD haṁsalomasam, BC halalomaçaṁ [7]) So Çkdr., ABCD pâṁçu-kaṁ sîsaṁ [8]) Die Hdss. sjât çiçiraṁ [9]) B malîtasaṁ [10]) In A ist dhautaṁ (D) getilgt und darüber daustjaṁ verbessert, B dhotjaṁ, C djotjaṁ; Ngh Pr. hat dhautaṁ [11]) AD vishadaṁ [12]) BC çîta [13]) BC 'ni [14]) BC mâkshikaç [15]) BC tâpîǵaṁ [16]) fehlt in B [17]) AD pitta° [18]) B âvarta [19]) BCD °dhâtu [20]) A kshaudradhâtus [21]) ACD proktaṁ [22]) AC vâṇabhûr, B vâṇamûr [23]) A kâça [24]) B °tvât, C °tvâ [25]) BCD rasa anstatt îshad [26]) BCD vîrjâdikaṁ; ebenso A, doch ist hier die Silbe di über der Zeile in dhi corrigirt.

86. târapâdâdike[1]) târamâkshikaṁ[2]) ḱa praçasjate | haime[3]) hemâdikaṁ çastaṁ[4]) rogahṛd balapushṭidam ||

87. añǵanaṁ jâmunaṁ kṛshṇaṁ nâdejaṁ meḱakaṁ tathâ | srotoǵaṁ[5]) dṛkpradaṁ[6]) nîlaṁ sauvîraṁ ḱa suvîraǵam ||
88. sa tu nîlâñǵanaṁ ḱai 'va ḱakshushjaṁ vârisaṁbhavam | kapotakaṁ ḱa kâpotaṁ saṁproktaṁ çarabhû-mitam[7]) ||
89. çîtaṁ nîlâñǵanaṁ proktaṁ kaṭu tiktaṁ kashâjakam | ḱakshushjam kapha-vâta-ghnaṁ vishaghnaṁ ḱa rasâjanam[8]) ||

90. kulatthâ dṛkprasâdâ ḱa ḱakshushjâ 'tha[9]) kulatthikâ | kulâlî loḱanahitâ kumbhakârî[10]) pralâpahâ[11]) ||
91. kulatthikâ tu ḱakshushjâ kashâjâ kaṭukâ himâ | visha-visphoṭa-kaṇḍûti-vraṇa-dosha-nibarhaṇî[12]) ||

92. pushpâñǵanaṁ pushpaketuḥ kausumaṁ[13]) kusumâñǵanam[14]) rîtikaṁ[15]) rîtikusumaṁ rîtipushpaṁ ḱa paushpakam ||
93. pushpâñǵanaṁ himaṁ proktaṁ pitta-hikkâ-pradâha-nut | nâçajed visha-kâsârti[16]) sarva-netrâmajâ-'paham ||

94. rasâñǵanaṁ rasodbhûtaṁ rasagarbhaṁ rasâgraǵam[17]) kṛtakaṁ bâlabhaishaǵjaṁ [18])dârvîkvâthodbhavaṁ tathâ ||
95. rasaǵâtaṁ[19]) târkshjaçailaṁ[20]) ǵñejaṁ varjâñǵanaṁ[21]) tathâ | rasanâbhaṁ ḱâ 'gnisâraṁ dvâdaçâhvaṁ ḱa kîrtitam ||
96. rasâñǵanaṁ himaṁ tiktaṁ ḱakshushjaṁ madhuraṁ kaṭu | rakta-pitta-hima-ḱḱhardi-hikkâ-'tisâra-nâçanam[22]) ||

---

[1]) So Çkdr. s. v. mâkshika; A ursprünglich târavâdâdike (wie D), aber vâ ist später in pâ verbessert; BC târavâditake [2]) B °mâdikaṁ, C °mâkshikaṁ [3]) Corrigirt; die Hdss. und Çkdr. haben sinnlos dehe, D iha [4]) BC für 'hemâdikaṁ çastaṁ' mâkshikamastaṁ, B hat noch ka dahinter; Çkdr. liest hemâbhakaṁ çastaṁ [5]) Die Hdss. çrotoǵaṁ [6]) So allein D; A dushpradaṁ undeutlich, B drukpradaṁ, C drukapradaṁ [7]) B çatrubhûjanam, C çatṛbhûjanam, D çatrubhûmitam [8]) Der ganze Vers fehlt in BC [9]) A ka [10]) CD kumbhakârî [11]) So A und Çkdr.; BCD und Nigh. Pr. haben malâpahâ [12]) A nivarhaṇî [13]) Corrigirt; die Hdss. haben kaumumbhaṁ [14]) A kusumâñǵam [15]) C rîtikaṁ [16]) Corrigirt; BCD °kâsârtî, A kâçârtî [17]) BC rasâçraǵam [18]) B dârvî° [19]) So die Hdss.; Çkdr. und Nigh. Pr. dagegen haben rasarâǵaḥ [20]) AD târksha° [21]) So C, Çkdr. und Nigh. Pr.; AD varshâñǵanaṁ, B parjâñǵanaṁ [22]) Der ganze Vers fehlt in BC.

97. rîtjâṁ tu dhamjamânâjâṁ[1]) tatkiṭṭaṁ tu rasâñganam tadabhâve tu kartavjaṁ dârvikvâthasamudbhavam ||

98. sroto'ñganaṁ[2]) vâribhavaṁ tathâ 'njat[3]) srotodbhavaṁ srotanadibhavaṁ ka | sauvîrasâraṁ ka kapotasâraṁ valmîkaçîrshaṁ munisaṁmitâhvam[4]) ||

99. sroto'ñganaṁ çîtakaṭu[5]) kashâjaṁ kṛminâçanam | rasâjanaṁ rase jogjaṁ stanavṛddhikaraṁ param[6]) ||

100. valmîkaçikharâkâraṁ bhinnaṁ nîlâñganaprabham, gharshe ka gairikâvarṇaṁ[7]) çreshṭhaṁ sroto'ñganaṁ smṛtam[8]) ||

101. kampillako 'tha[9]) raktâñgo[10]) rekî[11]) rekanakas tathâ rañgako lohitâñgaç[12]) ka kampillo raktakûrṇakaḥ[13]) ||

102. kampillako virekî[14]) sjât kaṭû-'shṇo vraṇanâçanaḥ | kaphakâsârti[15])-hârî ka [16])tanukṛmiharo laghuḥ[17]) ||

103. tutthaṁ nîlâçmagaṁ[18]) nilaṁ haritâçmaṁ[19]) ka tutthakam | majûragrîvakaṁ kai 'va tâmragarbhâ-'mṛtodbhavam | majûratutthaṁ[20]) saṁproktaṁ çikhikaṇṭhaṁ daçâhvajam

104. tutthaṁ kaṭu kashâjo-'shṇaṁ kitra[21])-netrâmajâ-'paham | vishadosheshu sarveshu praçastaṁ vântikârakam ||

105. dvitîjaṁ [22])kharparîtutthaṁ kharparîrasakaṁ tathâ | kakshushjam amṛtotpannaṁ tutthaṁ[23]) kharparikâ tu shaṭ[24]),

106. kharparî kaṭukâ tiktâ kakshushjâ ka rasâjanî | tvagdoshaçamanî[25]) dîpjâ[26]) bala-pushṭi-vivardhanî ||

---

[1]) AD dhâmjamânâjâṁ [2]) Die Hdss. haben an allen Stellen çroto'ñganaṁ (C çrotâñganam) und correspondirend çrotodbhavaṁ, çrotanadibhavaṁ; das letztgenannte Wort lautet im Çkdr. und Nigh. Pr. srotonadîbhavam [3]) Corrigirt; die Hdss. 'njaṁ [4]) A °saṁmitâhvajam (D richtig), B °saṁmitâhvâm [5]) Corrigirt; die Hdss. çîtakaṭuḥ [6]) param fehlt in B [7]) B °varṇe [8]) A hat tu tat und D tu taḥ anstatt smṛtam [9]) C ttha [10]) AD raktâñgi [11]) C rekî [12]) A lohitâñgaṁ (D richtig) [13]) BC raktavarṇakaḥ [14]) BD virekî [15]) A kâçârti [16]) BC tantu° [17]) C laghu [18]) AD nâlâçmagaṁ [19]) So AD, doch ist in A der Anusvâra später getilgt; das Thema ist aber haritâçma neutr. wie auch V. 217; BC haben bariçmagaṁ [20]) C majûrakaṁ tutthaṁ [21]) Corrigirt; die Hdss. haben kitraṁ [22]) C hat beide Male kharparaṁ anstatt kharparî [23]) CD tuttha [24]) In B steht von dem ganzen Verse nur: dvitîjaṁ karparikâ tu shaṭ [25]) B tvagdoshanâçinî [26]) A divjâ.

107. pârado rasarâgaç ka rasanâtho mahârasaḥ | rasaç kai 'va mahâtego[1]) rasaloho[2]) rasottamaḥ ||

108. sûtarâṭ kâpalo gaitraḥ çivabigaṁ[3]) çivas tathâ | amṛtaṁ ka rasendraḥ[4]) sjâl lokeçu durdharaḥ[5]) prabhuḥ ||

109. rudrago harategaç ka rasadhâtur akintjagaḥ | khekaraç kâ 'maraḥ prokto dehado mṛtjunâçakaḥ ||

110. skandaḥ[6]) skandâṁçakaḥ[7]) sûto devo divjarasas tathâ | prokto rasâjanaçreshṭho[8]) jaçodhâs[9]) [10])tristridhâhvajaḥ ||

111. pâradaḥ sakalaroganâçanaḥ shaḍraso nikhilajogavâhakaḥ | pañkabhûtamaja[11]) esha kîrtito deha-loha-vara-siddhi-dâjakaḥ[12]) ||

112. mûrkhito harate vjâdhîn, baddhaḥ khekaraḥ[13]) siddhidaḥ | sarvasiddhikaro nilo[14]), niruddho[15]) dehasiddhidaḥ ||

113. vividha-vjâdhi-bhajo-'daja-maraṇa[16])-garâ-saṁkaṭe[17]) 'pi martjebhjaḥ[18]) | pâraṁ dadâti jasmât tasmâd ajam atra pâradaḥ kathitaḥ ||

114. abhrakam abhraṁ[19]) bhṛṅgaṁ vjomâ 'mbaram antariksham âkâçam[20]) [21])bahupattraṁ kham anantaṁ[22]) gaurîgaṁ gaurîgejam[23]) iti ravajaḥ[24]) ||

115. çvetaṁ pîtaṁ lohitaṁ nîlam abhra[25])-kâturvidhjaṁ jâti bhinnaṁ[26]) krijârham[27]), çvetaṁ târe, kâñkane pîtarakte[28]), nîlaṁ vjâdhâv agrjam agrjaṁ guṇâḍhjam ||

116. nîlâbhraṁ[29]) darduro nâgaḥ pinâko vagra itj api katurvidhaṁ bhaved, asja[30]) parîkshâ[31]) kathjate[32]) kramât ||

---

[1]) So AD und Çkdr.; BC mahattego [2]) So BC und Ngh. Pr.: A und Çkdr. rasaleho, D rasâloho [3]) fehlt in B [4]) BC rasendra [5]) So A und Çkdr.; B dhattura, C dhûrtara [6]) B skanda [7]) A skandâṁsakaḥ [8]) BC rasâjane çreshṭho [9]) AD jaçodas [10]) CD tritri° [11]) B °bhûtabhaja [12]) In A ist dâjakaḥ in kârakaḥ verbessert [13]) Corrigirt (cf. Bhâvapr. I. 2. 103, 4); die Hdss. haben khekara [14]) BCD lîno [15]) In A ist über der Zeile niruttho verbessert [16]) B °dajaṁmaraṇaṁ [17]) B saṁkaṇṭake, C sakaṇṭake [18]) A martjaḥ (D richtig) [19]) BCD abhra [20]) AD âkâsam [21]) In B fehlt die Stelle von bahupattraṁ bis krijârham (incl.) im nächsten Verse [22]) C anataṁ [23]) gaurîgejam, wie CD haben, ist das einzige, was in das Metrum (Gîti) passt; A gaurîgñejam, Çkdr. gaurîgejam [24]) A rathaḥ [25]) AD abhraṁ [26]) AD bhinna [27]) A krijâhaṁ [28]) B pîtaraktaṁ [29]) A nîlâbhro [30]) BC asjâ [31]) BD parîkshjâ [32]) A kathitâ, D kathite.

117. jad vahnau vihitaṁ tanoti nitarâṁ bhekâravaṁ darduraḥ nâgaḥ phutkurute[1]), dhanuḥsvanam upâdatte pinâkaḥ kila vaǵraṁ nai 'va vikâram eti, tad imânj âsevjamânaḥ[2]) kramât | gulmî ka vraṇavâṁç ka kutsita-gadî niruk ka saṁǵâjate ||

118. manoǵabhâvaṁ bhâvitau[3]) jadâ çivau[4]) parasparam | tadâ kilâ 'bhrapâradau guhâ 'dbhutau babhûvatuḥ ||

119. sphaṭî[5]) ka sphâṭaki[6]) proktâ çvetâ çubhrâ ka raṅgadâ | raṅgadṛḍhâ[7]) dṛḍharaṅgâ raṅgâṅgâ vasusaṁmitâ ||

120. sphaṭî[8]) ka[9]) kaṭukâ snigdhâ kashâjâ pradarâpahâ[10]) | mehakṛt sravamî[11]) çosha-dosha-ghnî [12])dṛḍharaṅgadâ ||

121. kshullakaḥ kshudraçaṅkhaḥ sjâk khambûko nakhaçaṅkhakaḥ[13]) | kshullakaḥ kaṭukas tiktaḥ çûlahârî ka dîpanaḥ ||

122. çaṅkho 'rṇavabhavaḥ[14]) kambur[15]) ǵalaǵaḥ pâvanadhvaniḥ[16]) | kuṭilo[17]) 'ntarmahânâdaḥ kambu[18])pûtaḥ sunâdakaḥ |

123. mukharo[19]) dîrghanâdaç ka bahunâdo[20]) haripriјaḥ | evaṁ shoḍaçadhâ ǵñejo dhavalo maṅgalasvaraḥ[21]) ||

124. çaṅkhaḥ kaṭurasaḥ çîtaḥ pushṭi-vîrja-bala-pradaḥ | gulmaçûla-haraḥ[22]) çvâsa[23])-nâçano visha-dosha-nut ||

125. kṛmiçaṅkhaḥ kṛmiǵalaǵaḥ[24]) kṛmivârirubaç ka ǵantukambuç[25]) ka | kathito[26]) rasavîrjâdau kṛtadhîbhiḥ çaṅkhasadṛço 'jam ||

126. kapardako varâṭaç ka kapardaç ka varâṭikâ | karâkaraç karo varjo bâlakrîḍanakaç[27]) ka saḥ ||

---

[1]) BCD nágas phuṭkurute, A nágaḥ sphuṭ° [2]) Zu der Form vgl. upasevjamânas Suçr. I. 156, 8 [3]) So B; A manoǵabhâǵanâv itau, C manoǵabhâǵabhâvitau, D manoǵabhâvitau [4]) A çiro [5]) B sphuṭi, wie auch in A ursprünglich stand [6]) A sphaṭikî, D sphaṭikî [7]) B raṅgadṛshṭâ [8]) BC sphâṭî [9]) fehlt in B [10]) B kashâ pâdarâpahâ [11]) BC mehakṛk khravami [12]) A dṛḍa° [13]) A kshudraçaṅkhaç ka khaṇḍakonu (ç ka getilgt) çaṅkhakaḥ, D kshudrasaṅkha sjâ khaṇḍako nakhaçaṅkhakaḥ [14]) BC hj arṇo bhavat [15]) B kambûr [16]) BD pâvanadhvanî, C pâvanaḥ dhvanî [17]) B kaṭilo [18]) C kambû; in A ist kambu (D) in çveta verbessert [19]) BCD mukharo [20]) B bahunadî [21]) C °svanaḥ [22]) BCD hara [23]) C çvâsaḥ [24]) BC kṛmiǵalaḥ [25]) B ǵantugambuç, C ǵantuǵambûç [26]) A kathite [27]) AD bâlakrîḍânakaç.

127. kapardaḥ[1]) kaṭu-tikto-'shṇaḥ[2]) karṇaçûla-vraṇâ-'pahaḥ | gulma-çûlâ-'maja-ghnaç ka netradoshanikṛntanaḥ ||

128. çuktir muktâprasûç kai 'va mahâçuktiç ka çuktikâ | muktâsphoṭaḥ[3]) srautikas[4]) tu mauktikaprasavâ ka sâ | ǵñejâ mauktikaçuktiç ka[5]) muktâmâtâ 'ñkadhâ smṛtâ ||

129. muktâçuktiḥ kaṭu-snigdhâ kâsa[6])-hṛdroga-hâriṇî çûlapraçamanî rukjâ madhurâ dîpanî[7]) parâ ||

130. ǵalaçuktir vâriçuktiḥ[8]) kṛmisûḥ[9]) kshudraçuktikâ | çambûkâ 'ñǵaliçuktiç[10]) ka puṭikâ[11]) tojaçuktikâ ||

131. ǵalaçuktiḥ kaṭu-snigdhâ dîpanî gulma-çûla-nut | visha-dosha-harâ rukjâ pâkanî baladâjinî ||

132. khaṭini khaṭikâ kai 'va [12])khaṭi dhavalamṛttikâ | sitadhâtuḥ çvetadhâtuḥ pâṇḍumṛt pâṇḍumṛttikâ ||

133. khaṭinî madhurâ tiktâ çîtalâ pittadâha-nut | vraṇa-dosha[13])-kaphâ-'sra-ghnî netraroganikṛntanî ||

134. dugdhâçmâ[14]) dugdhapâshâṇaḥ kshîrî[15]) gomedasaṁnibhaḥ | vaǵrâbho dîptikaḥ[16]) saudho dugdhî kshîrajavo 'pi ka ||

135. dugdhapâshâṇako rukja[17]) îshadushṇo ǵvarâpahaḥ | pitta-hṛdroga[18])-çûla-ghnaḥ kâsâ[19])-'dhmâna-vinâçanaḥ ||

136. karpûranâmabhiç kâ 'dâv ante ka[20]) maṇivâkakaḥ | karpûramaṇinâmâ[21]) 'jaṁ juktjâ vâtâdidoshanut ||

137. vimalaṁ nirmalaṁ svakkham [22])amalaṁ svakkhadhâtukaṁ bâṇasaṁkhjâbhidhaṁ[23]) proktaṁ[24]) târahema-dvidhâkṛtam ||

---

[1]) BC kapardakaḥ [2]) B kaṭus tikto (ohne 'shṇaḥ), C kaṭus tikto-shṇaḥ [3]) C muktâsphoṭaḥ [4]) A stautikas, D stautikaṁ [5]) So A und Çkdr.; BCD mauktikasûç kai 'va [6]) A kâça [7]) A dipanâ [8]) BC vâriçukti [9]) A kṛmiḥ su, B kṛmisu [10]) B ǵalaçuktiç, A ǵalaçuç: in D ist dieser Vers ganz verstümmelt [11]) So BC und Ngh. Pr.: A und Çkdr. pushṭikâ [12]) khaṭi dha fehlt in B [13]) B doshaṁ [14]) C dugdhâçmâ [15]) C kshîro [16]) So Çkdr.: CD dîptikaḥ, AB dîptakaḥ [17]) BC rukjaḥ [18]) A kṛdroga (D richtig [19]) A kâçâ [20]) Corrigirt: A karpûranâmabhiç kâdja (ma über der Zeile) te (ma ü. d. Z.) çka, B karpûranâmabhiç kâdau hjante ka, C karpûranâmabhiḥ çvâdâtvavaṁ ka, D karpûranâmabhiç ka dau tv antaç ka [21]) AD °mâṇinâmâ, BC °maṇinâmo [22]) amalaṁ svakkha° fehlt in C [23]) So B; AD °dâ, C °dhâ [24]) AD proktâ.

138. vimalaṁ kaṭukaṁ[1]) tiktaṁ tvagdosha-vraṇa[2])-nâçanam rasavîrjâdike tuljaṁ, vedhe sjâd[3]) bhinnavîrjakam ||

139. sikatâ vâlukâ siktâ çîtalâ [4])sûkshmaçarkarâ pravâhotthâ[5]) mahâsûkshmâ[6]) sûkshmâ pâṅijakûrṇikâ ||
140. vâlukâ madhurâ çîtâ saṁtâpa-çrama-nâçanî[7]) | sekaprajogataç ḱai 'va çotha[8])-çaitjâ-'nilâ-'pahâ ||

141. kaṅkushṭhaṁ[9]) kâlakushṭhaṁ ḱa viraṅgaṁ[10]) raṅgadâjakam | reḱakaṁ pulakaṁ[11]) ḱai 'va çodhakaṁ kâlapâlakam[12]) ||
142. kaṅkushṭhaṁ[13]) ḱa dvidhâ proktaṁ târahemâbhakaṁ[14]) tathâ | kaṭûshṇaṁ kapha-vâta-ghnaṁ reḱakaṁ vraṇa-çûlahṛt ||
143. mûshakasjâ 'bhidhâ pûrvaṁ[15]) pâshâṇasjâ 'bhidhâ tataḥ[16]) âkhupâshâṇanâmâ[17]) 'jaṁ [18])lohasaṁkarakârakaḥ ||

atha ratnâni ||

144. dravjaṁ kâṅḱana[19])-lakshmî[20])-bhogja[21])-vasu[22]) vastu saṁpad vṛddhiḥ[23]) çrîḥ[24]) | vjavahârjaṁ draviṇaṁ dhanam artho râḥ[25]) svâpatejaṁ ḱa (dravjasâmânjanâma) ||
145. ratnaṁ vasu[26]) maṇir upalo dṛshad[27]) draviṇa[28])-diptaḱarjâṇi | rauhiṇikam[29]) abdhisâraḥ[30]) khânikam[31]) âkaraǵam[32]) itj abhinnârthaḥ (ratnasâmânjanâma) ||

---

1) BCD kaṭûshṇa 2) vraṇa fehlt in B 3) BC njâd 4) A çûkshma° 5) BC pravâhotra 6) So A und Çkdr.; BC und Ngh. Pr. haben mahâçlakshṇa, D mahâlakshmaṇâ 7) AD nâçinî 8) BCD çâkhâ 9) AD kuṅkushṭhaṁ 10) So die Hdss. und Çkdr.; Madanapâla und Bhâvapr. (I. 1. 266, 13) haben dafür varâṅga 11) So AD und Çkdr.; B pulukaṁ, C pulakaḥ, Madanapâla hat pulaha 12) So alle drei Hdss.; Bhâpavr. hat dafür kolakâkula (etwa °kâluka?), Madanapâla kuñǵavâluka mit der v. l. kañǵavâluka, was vielleicht dem richtigen Namen am nächsten kommt 13) A kuṅkushṭhaṁ, D kaṅkushṭhaç 14) B °hemâbhrakaṁ 15) C pûrva 16) AD nataḥ 17) BC °nâmo 18) B lohaṁkara° 19) A kâñḱanaṁ gegen das Metrum (Ârjâ), BCD kiṁ[illegible]ana 20) AD lakshmir 21) AD bhogjaṁ gegen das Metrum, BC bhâgjaṁ 22) B vâstu, C vâsu 23) BCD vṛddhi 24) C çrl 25) Corrigirt: die Hdss. haben râ 26) A vasur 27) A doshad, BD dashad 28) BC draviṇaṁ gegen das Metrum (Udgîti) 29) A rohaṇikam, D rauhaṇikam 30) Corrigirt; AD adhvosâraṁ, BC abdh[illegible]âraç 31) So Ngh. Pr.; AD svânikam, BC ḱânikam 32) A âkaṁraǵam.

146. mâṇikjaṁ çoṇaratnaṁ[1]) ḱa ratnarâḍ raviratnakam[2]) | çṛṅgârî raṅgamâṇikjaṁ taralo[3]) ratnanâjakaḥ[4]) ||
147. râgadṛk padmarâgaç ḱa ratnaṁ çoṇopalas tathâ | saugandhikaṁ lohitakaṁ[5]) kuruvindaṁ çarendukam ||
148. mâṇikjaṁ madhuraṁ snigdhaṁ[6]) vâta-pitta-praṇâçanam[7]) | ratnaprajogapraǵñânâṁ[8]) rasâjanakaraṁ param ||
149. snigdhaṁ guru gâtrajutaṁ dîptaṁ svaḱḱhaṁ ḱa suraṅgadam[9]) iti ǵâtjaṁ[10]) mâṇikjaṁ, kaljâṇaṁ dhâraṇât kurute |
150. [11])dviḱḱhâjam abhrapihitaṁ karkaça[12])-çarkarila[13])-bhinnadhûmraṁ[14]) ḱa | râgavikalaṁ[15]) virûpaṁ[16]) laghu mâṇikjaṁ na dhârajed dhîmân ||
151. tad raktaṁ jadi padmarâgam, atha tat pîtâ-'tiraktaṁ[17]) dvidhâ | ǵânîjât kuruvindakaṁ[18]), jad aruṇaṁ sjâd eshu saugandhikam | tan nîlaṁ jadi nîlagandhikam iti ǵñejaṁ ḱaturdhâ budhaiḥ | mâṇikjaṁ kashagharshaṇe 'pj avikalaṁ râgeṇa ǵâtjaṁ ǵaguḥ ||

152. muktâ saumjâ mauktikaṁ çauktikejaṁ târaṁ târâ bhautikaṁ[19]) târakâ[20]) ḱa | ambhaḥsâraṁ[21]) çîtalaṁ nîraǵaṁ ḱa nakshatraṁ sjâd induratnaṁ ḱa laksham ||
153. muktâphalaṁ binduphalaṁ[22]) ḱa muktikâ[23]) çauktejakaṁ

---

[1]) C °ratnaç [2]) AD ratnaraudraṁ viratnakam [3]) A tarulo [4]) A ratnanâmakam [5]) A lauhitakaṁ; in allen drei Fällen, von 3—5, hat D das richtige [6]) snigdhaṁ fehlt in C [7]) BC °vraṇâpaham, Maṇim. II. 62 liest marutpittapraṇâçanam [8]) Corrigirt; ABD °praǵñânâṁ, C °pradhânaṁ; Maṇim. hat ratnaprajoge viǵñâtaṁ [9]) A suraṅgadaṁ ḱa, D suraṅgaṁ ḱa, BC suraṅgadaç ḱa; die Umstellung des ḱa macht das Metrum (Upagîti) nothwendig, wenn man nicht die dem Versmaass auch genügende Lesart von D in den Text setzen will. A hat vor suraṅgadaṁ über der Zeile noch die Worte samâṅgaṁ ḱa, und so liest auch Çkdr. [10]) Corrigirt; AD ǵâtja, BC ǵâtjâ [11]) Fehlt in B bis râgavi inclus. [12]) AC karkaçaṁ gegen das Metrum (Gîti) [13]) Corrigirt; D sarkarila, A çârkarilaṁ verb. aus sâr°, C çarkarâvilaṁ [14]) C dhûmraç [15]) BC und Çkdr. °vimalaṁ [16]) BC rûpaṁ; AD haben noch ḱa hinter virûpaṁ; Çkdr. verstellt die beiden ersten Worte des Hemistichs: virûpaṁ râgavimalaṁ [17]) AD pîtâdirakta [18]) B kuravindakaṁ, C kurvindakaṁ [19]) A tautikaṁ; bhautikaṁ (wie BCD) liest auch Çkdr. s. v. muktâ [20]) târakâ fehlt in A (steht aber in D) [21]) C °sâra [22]) B vinduphalaṁ [23]) BC çuktikâ

çuktimaṇiḥ[1]) çaçiprijam | svaḱḱhaṁ[2]) himaṁ haimavataṁ[3]) ḱa[4]) bhûruhaṁ[5]) sudhâṁçuratnaṁ bhava[6])-saṁmitâhvajam

154. [7])mauktikaṁ ḱa madhuraṁ suçîtalaṁ dṛshṭirogaçamanaṁ vishâpaham | râǵajakshma-parikopa-nâçanaṁ kshîṇavîrja-bala-pushṭi-vardhanam ||

155. nakshatrâbhaṁ vṛttam atjanta-muktaṁ snigdhaṁ sthûlaṁ nirmalaṁ nirvraṇaṁ[8]) ḱa | njastaṁ[9]) dhatte gauravaṁ jat tulâjâṁ, tan nirmâljaṁ mauktikaṁ saukhjadâji[10]) ||

156. jad viḱḱhâjaṁ[11]) mauktikaṁ vjaṅgakâjaṁ [12])çuktisparçaṁ raktatâṁ ḱâ 'tidhatte[13]) | maḱḱhâkshâṅkaṁ[14]) rûksham uttâna-namraṁ[15]), nai 'tad dhârjaṁ[16]) dhîmatâ doshadâji[17]) ||

157. mâtaṅgo-'raga-mîna-potri-çirasas tvaksâra-çaṅkhâ[18])-'mbu-bhṛḱ- | ḱhuktînâm[19]) udarâḱ ḱa mauktikamaṇiḥ[20]) spashṭaṁ bhavatj ashṭadhâ | ḱhâjâ[21])-pâṭala-nîla-pîta-dhavalâs tatrâ 'pi sâmânjataḥ | saptânâṁ[22]) bahuço na labdhir iti ḱeḱ ḱhauktejakaṁ tû 'lbaṇam ||

158. lavaṇakshâra-kshodinî[23]) pâtre gomûtrapûrite kshiptam | marditam api [24])çâlitushair[25]) jad avikṛtaṁ, tat tu[26]) mauktikaṁ ǵâtjam[27]) ||

159. prabâlo 'ṅgârakamaṇir vidrumo[28]) 'mbhodhi-pallavaḥ | bhaumaratnaṁ ḱa ratnâṅgo raktâkâro[29]) latâmaṇiḥ ||

[1]) C çuktamaṇiḥ [2]) AD sveḱḱhaṁ [3]) So BC und Nigh. Pr.; AD hemavataṁ, Çkdr. himavalaṁ (s. v. muktâ) [4]) Fehlt in C [5]) C sudhâçubhaṁ [6]) AD nava [7]) Steht ohne Variante Maṇim. II. V. 63 [8]) BC in umgekehrter Folge nirvraṇaṁ nirmalaṁ [9]) C njasta [10]) B °dâji [11]) So BCD und Çkdr.; A jadi ḱhâjaṁ. Nach der Lesart der MSS. BCD könnte man auch jad dviḱḱhâjaṁ (cf. V. 150) denken, weil die Ligatur ddv fast nie geschrieben wird; doch scheint viḱḱhâjaṁ, das noch viermal vorkommt, besser zur Sache zu stimmen [12]) AD sukti° [13]) So die Hdss. und Çkdr. [14]) So allein D; BC maḱḱhâkshâkaṁ, A matsjâkshâkaṁ verbessert aus maḱḱhâkshambhaṁ [15]) BC nimnaṁ [16]) B 'tatârjaṁ für 'tad dhârjaṁ [17]) BC °dâjî [18]) B kaṅkhâ [19]) B ḱhuktînâm, AD 'mbubhṛt | mauktinâm [20]) AD °maṇi [21]) BC jâ anstatt ḱhâjâ [22]) BC saptâtîva [23]) AD kshaudrâdinî [24]) AD çâlî [25]) BC tushaiḥ [26]) A tan für tat tu gegen das Metrum (Gîti); D taṁ [27]) B ǵjâtjam [28]) BC vidrumâ [29]) So A und Çkdr.; BCD raktâṅkuro.

160. prabâlo madhuro[1]) 'mlaç ka[2]) kapha-pittâ-'di-dosha-nut virjakântikaraḥ[3]) striṇâṁ dhṛto[4]) maṅgaladâjakaḥ ||
161. çuddhaṁ dṛḍhaṁ ghanaṁ[5]) vṛttaṁ snigdhaṁ gâtra-suraṅgakam | samaṁ guru [6])sirâhinaṁ prabâlaṁ dhârajek khubham ||
162. gauraraṅga[7])-[8])ǵâlâkrântaṁ vakraṁ[9]) sûkshmaṁ sakoṭaram | rûkshaṁ kṛshṇaṁ laghu-çvetaṁ prabâlam[10])açubhaṁ tjaǵet |
163. bâlârka-kiraṇa[11])-raktâ sâgara[12])-salilo-'dbhavâ prabâlalatâ , jâ na tjaǵati niǵarukiṁ[13]) nikashe[14]) ghṛshṭâ 'pi[15]) sâ smṛtâ ǵâtjâ[16]) ||

164. gârutmataṁ marakataṁ rauhiṇejaṁ harinmaṇiḥ | sauparṇaṁ garuḍodgirṇaṁ budharatnâ-'çmagarbhaǵam | garalârir vâjavâlaṁ[17]) gâruḍaṁ rudrasaṁmitam ||
165. marakataṁ vishaghnaṁ ka[18]) çitalaṁ[19])madhuraṁ saram[20])| âma-pitta-haraṁ rukjaṁ pushṭidaṁ bhûtanâçanam ||
166. svakkhaṁ[21]) guru sakkhâjaṁ snigdhaṁ gâtraṁ[22]) ka mârdava[23])-sametam | avjaṅgaṁ bahuraṅgaṁ çṛṅgârî marakataṁ[24]) bibhṛjât ||
167. çarkarila-kalila-rûkshaṁ malinaṁ laghu hînakânti kalmâsham | trâsajutaṁ[25]) vikṛtâṅgaṁ marakatam amaro 'pi no 'pabhuñǵîta ||
168. jak khaivâla[26])-çikhaṇḍi-çâdvala[27])-haritkâkaiç ka kâshakkhadaiḥ | khadjotena ka[28]) bâlakiravapushâ [29])çairishapush-

---

[1]) BC madhurá [2]) Maṇim. II. V. 66 (unser Vers) madhuraç kâ 'mlaḥ [3]) Die Hdss. haben °kara [4]) B dhûto [5]) AD dhanaṁ [6]) BC çirá° [7]) Corrigirt nach Çkdr. (s. v. prabâla), der gauraṁ raṅga° liest; die Hdss. haben gâra°; in A ist später noch der Anusvâra hinzugefügt [8]) Corrigirt; die Hdss. ǵâlâ° [9]) AD vaktraṁ [10]) B prabâloṁ [11]) A kiraṇaṁ, D kiraṇe [12]) A sâgaraṁ (D richtig) [13]) AD °ruki [14]) BC niḥkâshṭa [15]) fehlt in BC [16]) B tjâ anstatt ǵâtjâ [17]) So BCD und Nigh. Pr.; A und Maṇim. II. 1021 vâprabâlam, Çkdr. (und Maṇim. a. a. O. als varia lectio) vâpavola [18]) AD na [19]) Maṇim. II. V. 70 lautet unser Vers bis hierher: maṇir marakataṁ çitaṁ vishaghnaṁ [20]) So Maṇim.; die Hdss. rase [21]) A hat noch ka hinter svakkhaṁ [22]) So AD und Çkdr.; B gârbhaṁ, C gârbhraṁ [23]) C mâdrava [24]) A hat dahinter noch über der Zeile çubhaṁ, wodurch die reguläre Ârjâ in die unserem Texte geläufigere Gîti verändert würde [25]) B çatjajutaṁ [26]) BC ǵat salvâla, D jan sevâla [27]) C çâḍvala [28]) Fehlt in B [29]) B çaiçira°, C çaishira°.

peṇa ka khâjâbhiḥ samatâṁ dadhâti¹), tad idaṁ nirdish-
ṭaṁ ashṭâtmakam | gâtjaṁ jat tapanâtapaiç ka²) parito gâ-
rutmataṁ raṅgajet ||

169. pitas tu pushparâgaḥ pitasphaṭikaç ka³) pitaraktaç ka | pi-
tâçmâ⁴) gururatnaṁ⁵) pitamaṇiḥ pushparâgaç ka ||

170. pushparâgo 'mlaḥ⁶) çitaç ka vâtagid dîpanaḥ paraḥ âjuḥ⁷)
çrijaṁ ka pragñâṁ ka dhâraṇât kuruto nṛṇâm ||

171. sukkhâja-pita-guru-gâtra-suraṅga-çuddhaṁ snigdhaṁ ka
nirmalam ati 'va suvṛtta-çitam | jaḥ⁸) pushparâga-çakalaṁ⁹)
kalajed, amushja¹⁰) pushṇâti¹¹) kîrtim atiçaurja-sukhâ-'jur-
arthâm¹²) ||

172. kṛshṇa¹³)-bindv-aṅkitaṁ rûkshaṁ dhavalaṁ malinaṁ laghu |
vikkhâjaṁ çarkarâgâraṁ¹⁴) pushparâgaṁ sadoshakam¹⁵) ||

173. ghṛshṭo nikâshapaṭṭe¹⁶) jaḥ¹⁷) pushjati¹⁸) râgam adhikam
âtmîjam | tena¹⁹) khalu pushparâgo gâtjatajâ 'jaṁ²⁰) pari-
kshakair²¹) uktaḥ ||

174. vagram indrâjudhaṁ hiraṁ bhiduraṁ kuliçaṁ paviḥ²²) |
abhedjam açiraṁ ratnaṁ dṛdhaṁ bhârgavakaṁ smṛtam |
shaṭkoṇaṁ bahudhâraṁ ka çatakotj abdhibhû-mitam²³) ||

175. vagraṁ ka shaḍrasopetaṁ sarvarogâ²⁴) - 'pahârakam | sar-
vâgha²⁵) - çamanaṁ saukhjaṁ²⁶) dehadârḍhjaṁ²⁷) rasâja-
nam ||

---

¹) A D dadâti   ²) A D tapanâtape ka   ³) ç ka fehlt in B   ⁴) So
A D; doch ist in A das â nachträglich getilgt   ⁵) B C pitâçmaṁ ṅgaru-
ratnaṁ   ⁶) So Maṇim. II. V. 65 (unser Vers); die Hdss. haben 'mla
⁷) Maṇim jaçaḥ   ⁸) So B C und Maṇim. I. V. 395 (unser Vers); A jat,
D ja   ⁹) So Maṇim.; A D und Çkdr. sakalaṁ, B C mamalaṁ   ¹⁰) B
amukhja   ¹¹) B C pushjanti   ¹²) B C arthaḥ   ¹³) So A und Maṇim. I.
V. 396 (unser Vers); B C D kṛshṇaṁ   ¹⁴) B C °Âgâbhaṁ   ¹⁵) B C saṁ-
doshakam   ¹⁶) A vikâçajet, D vikâçajat, B nikâshajeṭjo   ¹⁷) Fehlt in
A D   ¹⁸) A D pushpa   ¹⁹) A na statt tena, wie D richtig hat   ²⁰) 'jaṁ
fehlt in A (steht aber in D)   ²¹) B D parikshakair   ²²) C pavim
²³) C gitam, B nur tam   ²⁴) A D °râga   ²⁵) Maṇim. II. V. 67 (unser
Vers) sarvâma   ²⁶) So A und Maṇim.; B C D saukhja   ²⁷) So A und
Maṇim.; B dehapushtjai, C D dehadârḍhja; man könnte auch saukhja-
dehadârḍhja-rasâjanam lesen, doch verdient die lectio difficilior von A
mit dem Adj. saukhja den Vorzug (im folgenden Verse ist ebenso saun-
darja adj.; beide als solche sonst unbelegt).

176. svaKKhaṁ vidjutprabhaṁ snigdhaṁ saundarjaṁ¹) laghu lekbansm²) shaḍáraṁ⁵) tikshṇadhárasṁ ka susámjáraṁ⁴) çrijaṁ diçet ||

177. bhasmábhaṁ⁵) kákapádaṁ⁶) ka rekhákrántaṁ tu vartulam | adháraṁ⁷) malinaṁ bindu-sutrása⁶)-sphuṭitaṁ⁹) tathá | nilábhaṁ kipiṭaṁ¹⁰) rúkshaṁ¹¹) tad vagraṁ doshagaṁ tjaget

178. çvctá-'lohita-pita¹²)-mekakatajá kbájáç katasraḥ kramát¹³) vipráditvam ihá 'sja jat sumanasaḥ¹⁴) çaṁsanti¹⁵) satjaṁ¹⁶) tataḥ | sphitáṁ¹⁷) kirtim anuttamáṁ çrijam idaṁ dhatte¹⁶) jathásvaṁ dhṛtam¹⁹) | martjánáṁ ajathájathaṁ tu kuliçaṁ, pathjaṁ hitaṁ gátjataḥ²⁰) ||

179. jat pásbánatale nikásha²¹) - nikare no 'dghṛshjate nishṭhuraiḥ²²) | jak ká 'njopala²³)-lohamudgaramukhair²⁴) lekháṁ na²⁵) játj²⁶) ahatam²⁷) | jak ká 'njaṁ²⁸) niġalilajai²⁹) 'va dalajed vagreṇa vá bhidjato | taç gátjaṁ kuliçaṁ vadanti kuçaláḥ³⁰) çlághjaṁ mahárghjaṁ³¹) ka tat³²) ||

180. vipraḥ so 'pi rasájaneshu³³) balaván ashṭáṅgasiddhi³⁴)-pradaḥ³⁵) | rágaṁjas tu nṛṇáṁ vali-palita-ġin³⁶) mṛtjuṁ gajed aṅgasá | dravjá-'karshaṇa-siddhi-das tu sutaráṁ vaiçjo,

---

¹) BC saudarjaṁ ²) C khekhanam ⁵) BC shaḍḍháraṁ ⁴) AD und Çkdr. suçámjáraṁ ⁵) So A (aber aus ursprünglichem bhasmáṅgaṁ verbessert) und Çkdr.; BD bhasmáṅgaṁ, C bhasmáṅkagaṁ ⁶) So die Hdss. und Çkdr.; Maṇim. I. V. 109 hat kákapáda ⁷) Corrigirt; die Hdss. ádháraṁ, Çkdr. ádhára-(malinam); es handelt sich hier offenbar um den Gegensatz zu tikshṇadhára im vorigen Verse ⁸) So BC, wie auch V. 195; AD und Çkdr. saṁtráso ⁹) B sphutam ¹⁰) A kipitaṁ ¹¹) B rúḍham ¹²) A çvetá-lohita-pita, BC çvetá-'pita-lohita; die Lesart von D, welche ich in den Text gesetzt habe, verlangt das Metrum ‚Atidhṛti, Çárdúlavikrídita) ¹³) AD kramád ¹⁴) B sumanasaṁ, C sumanasa ¹⁵, B trásanti ¹⁶) C satja ¹⁷) BC sphítá ¹⁸) AD datte ¹⁹) B ghṛto ²⁰ So A und Çkdr.; BCD hi gátjaṁ tataḥ statt hitaṁ gátjataḥ ²¹) AD nikáça, B nikása ²²) BC und Çkdr. nishṭhure ²³) B jak ko 'lúkhala, C jak kodvashala ²⁴) So AD und Çkdr.; BC ghanair ²⁵) A nikhánva (D richtig) ²⁶) BC játj ²⁷) A und Çkdr. Ahasam, D Ahataḥ ²⁸) BC jad vai bheshaga ²⁹) B niġalijai, C niġaḥlajai ³⁰) A kuçala, D kuça ³¹) C mahárghjaṁ, Çkdr. maháṛghaṁ ³²) AD jat ³³ So A nnd Maṇim. II. V. 50 (unser Vers); BC rasájane ku ³⁴) B °siddhiṁ ³⁵) BC prada; A, Maṇim und Çkdr. prado ohne Interpunktion dahinter ³⁶) AD °ġit

'tha çûdro bhavet | sarva-vjâdhi-haras, tad esha kathito vaǵrasja varṇjo[1]) guṇaḥ[2]) ||

181. nîlas tu sauriratnaṁ sjân nîlâçmâ[3]) nîlaratnakaḥ | nilopalas[4]) tṛṇagrâhî[5]) mahânîlaḥ sunîlakaḥ ||
182. nîlaḥ sa tiktaḥ[6]) koshṇaç ḱa kapha-pittâ-'nilâ-'pahaḥ | jo dadhâti[7]) çarîrasja[8]), saurir[9]) maṅgalado bhavet ||
183. na nimno[10]) nirmalo gâtro masṛṇo[11]) guru-dîptakaḥ[12]) | tṛṇagrâhî mṛdur[13]) nîlo durlabho lakshaṇânvitaḥ ||
184. mṛḱ-ḱharkarâ[14])-'çma-kalilo viḱḱhâjo malino laghuḥ | rûkshaḥ[15]) sphuṭitagâtraç[16]) ḱa varǵjo nîlaḥ sadoshakaḥ ||
185. sita[17])-çoṇa-pîta-kṛshṇa[18])-ḱḱhâjâ nîle kramâd imâḥ kathitâḥ | viprâ[19])-'di-varṇa[20])-siddhjai[21]), dhâraṇam asjâ 'pi vaǵravat phalavat ||
186. astjâna[22])-ḱandrikâspada[23])-sundara[24])-kshîra-pûritam[25]) | jaḥ pâtraṁ raṅgajed[26]) âçu, sa ǵâtjo nîla uḱjate ||

187. gomedakas tu gomedo râhuratnaṁ tamomaṇiḥ[27]) | svarbhânavaḥ shaḍâhvo 'jaṁ piṅgasphaṭika[28]) itj api ||
188. gomedako[29]) 'mla ushṇaç ḱa vâta-kopa-vikâra-ǵit[30]) | dîpanaḥ[31]) pâḱanaç ḱai 'va, dhṛto 'jaṁ pâpanâçanaḥ ||
189. gomûtrâbhaṁ[32]) jan mṛdu snigdhaṁ ushṇaṁ çuddha[33])-ḱḱhâjaṁ gauravaṁ jaḱ ḱa dhatte | hemâraktaṁ[34]) çrîmatâṁ jogjam etad gomedâkhjaṁ ratnam âkhjânti[35]) santaḥ ||

---

[1]) Corrigirt: A und Çkdr. varṇo, B varṇâ, C varṇjâ, D vaṇo, Maṇim. varṇo [2]) BC guṇâḥ [3]) A nilâçma [4]) A nilotpalas [5]) AD tṛṇasâhî [6]) BCD und Maṇim. II. V. 68 (unser Vers) tikta, d. h. satiktakoshṇaç [7]) Maṇim. dhṛtas tu [8]) So Maṇim.; die Hdss. çarîre sjât [9]) Maṇim. sauri [10]) AD nîlo [11]) AD maçṛṇo [12]) C dîptikaḥ [13]) BCD mṛdu [14]) C mṛtsarkarâ [15]) BC rûksha [16]) A °garbhaç [17]) BC çita [18]) AD kṛshṇâ [19]) B viprâ [20]) C varṇja [21]) A siddhaje gegen das Metrum (Gîti), D siddhajai [22]) AB astjânaṁ [23]) Corrigirt; C ḱandrikâspanda, ABD ḱandrikâspandaṁ [24]) A sundaraṁ (D richtig) [25]) AD pûrîtam [26]) BC râǵajatj [27]) AD °maṇiḥ [28]) AD °sphuṭika [29]) Maṇim. II. V. 64 (unser Vers) gomedo gegen des Metrum [30]) Maṇim. °nut [31]) A pâvanaḥ, D pîpanaḥ [32]) AD gomûtrâbha [33]) C hat nur su anstatt m ushṇaṁ çuddha [34]) A °rakta (D richtig) [35]) BC âkhjâti.

190. kuraṅgaṁ[1]) çveta-kṛshṇâ-'ṅgaṁ[2]) rekhâ-trâsa[3])-jutaṁ laghu[4])|vikkhâjaṁ çarkarâgâraṁ[5]) gomedaṁ vibudhas tjaǵet |
191. pâtro jatra[6]) njaste pajaḥ[7]) prajâtj eva goǵaloǵǵvalatâm[8]) ghar-she[9]) 'pj ahînakântiṁ[10]) gomedaṁ taṁ[11]) budhâ vidur ǵâtjam[12]) ||

192. vaiḍûrjaṁ[13]) keturatnaṁ ka kaitavaṁ vâlavâjaǵam[14]) | prâvṛshjam[15]) abhraroham[16]) ka kharâbdâṅkurakaṁ[17]) tathâ vaiḍûrjaratnaṁ saṁproktaṁ ǵñejaṁ viḍûraǵaṁ[18]) tathâ |
193. vaiḍûrjam ushṇam amlaṁ ka kapha-mâruta-nâçanam | gulmâ-'di-dosha-çamanaṁ[19]) bhûshitaṁ ka çubhâvaham ||
194. ekaṁ veṇu-palâça-komala[20])-rukâ mâjûra-kaṇṭha-tvishâ[21]) | mârǵâre[22])-'kshaṇa-piṅgala-kkhavi-ǵushâ ǵñejaṁ tridhâ khâjajâ[23]) | jad gâtraṁ gurutâṁ dadhâti nitarâṁ snigdhaṁ tu doshoǵǵhitam[24]) | vaiḍûrjaṁ viçadaṁ[25]) vadanti sudhijaḥ svakkhaṁ ka tak khobhanam ||
195. vikkhâjaṁ mṛk-khilâ-garbhaṁ[26]) laghu rûkshaṁ[27]) ka sakshatam | satrâsaṁ parushaṁ[28]) kṛshṇaṁ vaiḍûrjaṁ dûratâṁ najet ||
196. ghṛshṭaṁ jad âtmanâ svakkhaṁ svakkhâjâṁ[29]) nikashâçmani | sphuṭaṁ[30]) pradarçajed etad vaiḍûrjaṁ ǵâtjam ukjate ||

---

[1]) BC kuraṅga [2]) B 'ṅgaḥ, C 'ṅga [3]) A traja [4]) B laghuḥ [5]) Corrigirt nach V. 172; A karkarâgâraṁ, BC karkarâṅgâraṁ, D karkarâṅgâraṁ [6]) AD jantraṁ [7]) AD njastapathaḥ [8]) A goǵalatâm, D goǵalaǵvalatâm [9]) C gharshje [10]) B 'pi hînakântiṁ [11]) taṁ fehlt in BC [12]) A vidur budhâḥ anstatt budhâ vidur ǵâtjam; die Lesarten von A am Ende der beiden Halbzeilen zeigen das Bestreben die hier vorliegende Gîti in einen epischen Çloka umzugestalten [13]) A hat durchweg vaidûrja mit dentalem d; D vaiḍûrja [14]) Corrigirt; AD bâlavirjaǵam, B vâla-am, C vâlavâǵajam [15]) B prâvishja, C prâvṛksham [16]) B çramaroham, C açraroham [17]) B kharâbdâṅkuruǵâṁs, C kharâbdâṅkurakas [18]) So D, Wilson und Maṇim. II. 1020; ABC vidûraǵaṁ [19]) Maṇim. II. V. 71 (unser Vers) hat gulma-çûla-praçamanaṁ [20]) So A und Maṇim. I. V. 226 (unser Vers); BCD peçala [21]) A kaṁ ka dvidhâ D richtig) [22]) B mârjâro [23]) A khjâjajâ [24]) AD doshoktidam, in A ist über der Zeile verbessert doshositam; B undeutlich, Maṇim. doshoshitam [25]) So Maṇim.; AD vishadaṁ, BC vidalaṁ [26]) A garbho [27]) A laghur ushṇaṁ [28]) B parvadaṁ, C parshadaṁ [29]) So ACD und Maṇim. I. V. 227 (unser Vers); B svakkhâjaṁ [30]) B sphûṭaṁ.

197. mâṇikjaṁ padmabandhor[1]), ativimalatamaṁ mauktikaṁ çitabhânoḥ | mâhejasja prabâlaṁ, marakatam atulaṁ kalpajed indusûnoḥ[2]) | daiveǵjaṁ[3]) pushparâgaṁ[4]), kuliçam api kaver, nîlam arkâtmaǵasja | svarbhânoç kâ 'pi gomedakam, atha vidûrodbhâvitaṁ[5]) tat[6]) tu ketoḥ ||

198. ittham etâni ratnâni[7]) tattad-uddeçataḥ[8]) kramât | jo dadjâd bibhṛjâd vâ 'pi tasmint sânugrahâ grahâḥ ||

199. saṁtjaǵja[9]) vaǵram ekaṁ sarvatrâ[10]) 'njatra ratna[11])-saṁghâte | lâghavam atha komalatâ[12]) sâdhâraṇa-dosha esha viǵñejaḥ ||

200. lohitaka-vaǵra-mauktika[13])-marakata-nîlâ mahopalâḥ pañka | vaiḍûrja-pushparâga-prabâla-gomedakâ-'dajo 'rvâñkaḥ[14]) ||

201. gomeda-vâlavâjaǵa[15])-deveǵjamaṇî-'ndutaraṇi[16])-kântâ-'djâḥ | nânâ-varṇa-guṇâ-'djâ viǵñejâḥ [17])sphaṭikaǵâtajaḥ prâǵñaiḥ ||

---

202. sphaṭikaḥ sitopalaḥ[18]) sjâd amalamaṇir[19]) nirmalopalaḥ svakkhaḥ | svakkhamaṇir amararatnaṁ[20]) nistusharatnaṁ çivaprijaṁ navadhâ ||

203. sphaṭikaḥ samavîrjaç ka[21]) pittadâhâ-'rtidosha-nut[22]) | tasjâ 'kshamâlâ ǵapatâṁ datte[23]) koṭiguṇaṁ phalam ||

204. jad gaṅgâ-toja-bindu-kkhavi-vimalatamaṁ nistushaṁ netrahṛdjam | snigdhaṁ çuddhântarâlaṁ madhuram atihimaṁ pitta-

---

[1]) AD padmabandher [2]) Dafür stand in A ursprünglich antakeçe, D hat nur antu und dann eine Lücke, welche bis ketoḥ excl. am Ende dieses Verses geht [3]) A deveǵje, C daiveǵjasja ka [4]) A pushparâgaḥ, C °râga [5]) Corrigirt wie vidûraǵam V. 192; A viharodbhâvitaṁ, B vinduro°, C viduro° [6]) BC kiṁ [7]) ratnâni fehlt in AD [8]) A tattaddeçataḥ (D richtig) [9]) A saṁtjaǵjaṁ (D richtig) [10]) AD sarvatrâ [11]) A ratnaṁ [12]) A komalatâṁ (D richtig an beiden Stellen) [13]) BD maukti [14]) B 'rvîñkaḥ, A nava, D 'rvaka [15]) So nur D; jedoch ist dies das einzig richtige (cf. V. 192) nach Sinn und Metrum (Gîti); die übrigen Hdss. haben pravâlavâjavja [16]) 'ndutaraṇi fehlt in A, steht aber in D [17]) So D; A sphuṭika°, BC sphâṭika° (gegen das Metrum) [18]) A çîtopalaṁ [19]) BC amalamaṇi [20]) D amalaratnaṁ [21]) Maṇim. II. V. 74 (unser Vers) saumjavîrjaḥ sjât [22]) D °çoshanut. Maṇim. °çothanut statt °doshanut [23]) Maṇim. dhatte.

dâhâ-'sra-hâri[1]) | pâshâṇair jan nighṛshṭaṁ sphaṭikam[2]) api niǵâṁ svakkhatâṁ nai 'va ǵahjât[3]) taǵ ǵâtjaṁ ǵâtv alabhjaṁ[4]) çubham upaǩinute çaiva-ratnaṁ ǩiratnam[5]) ||

205. atha bhavati **sûrjakântas** tapanamaṇis tâpanaç ǩa ravikântaḥ | diptopalo 'gnigarbho ǵvalanâçmâ 'rkopalaç[6]) ǩa vasunâma ||

206. sûrjakânto bhaved ushṇo nirmalaç ǩa rasâjanaḥ[7]) | vâtaçleshma-haro medhjaḥ pûǵanâd ravi[8])-tushṭi[9])-daḥ ||

207. snigdhaḥ çuddho[10]) nirvraṇo nistusho 'ntar[11]) jo nirmṛshṭo vjomanairmaljam eti | jaḥ[12]) sûrjâṁçu[13]) - sparça - nishṭhjûta[14])-vahnir[15]), ǵâtjaḥ so 'jaṁ stûjate[16]) sûrjakântaḥ ||

208. **vaikrântaṁ** ǩai 'va vikrântaṁ nîǩavaǵraṁ kuvaǵrakam | gonâsaṁ[17]) kshudrakuliçaṁ ǵirṇavaǵraṁ[18]) ǩa gonasaḥ[19]) ||

209. [20])vaǵrâbhâve ǩa vaikrântaṁ rasavirjâdike samam | kshajakushṭha-visha-ghnaṁ ǩa pushṭidaṁ surasâjanam[21]) ||

210. vaǵrâkâratajai 'va[22]) prasahja haraṇâja sarvarogâṇâm | jad vikrântiṁ dhatte, tad vaikrântaṁ budhair idaṁ kathitam ||

211. **indukântaç** ǩandrakântaç ǩandrâçmâ[23]) ǩandrakâpalaḥ[24]) | çitâçmâ ǩandrikâdrâvaḥ[25]) çaçikântaç[26]) ǩa saptadhâ ||

---

[1]) B hârî [2]) AD sphuṭitam, C sphaṭitam [3]) A ǵahjam [4]) A anakhaṁ (D richtig) [5]) In A ist ǩiratnam in ǩa ratnam verändert [6]) A ǵvalanârko 'çmopalaç (D richtig) [7]) So A und Maṇim. II. V. 72 (unser Vers); BCD rasâjanam [8]) B rivi [9]) BC tushṭa [10]) B çuddhasnigdho, C çuddhaḥ snigdho [11]) So AD, aber in A darüber nistupâṅgo; BC nistushântaṁ; wegen der Stellung von antar vgl. atrâsam antar V. 213 [12]) BC jat [13]) AD sarjâṁçu [14]) A nidhûta, B nishpatta, D undeutlich [15]) C vahniṁ [16]) B ǵâjate [17]) So A und Çkdr.; BC gonâçaḥ, D gonâsaḥ [18]) So A und Çkdr.; BC ǵûrṇavaǵraç [19]) So AD und Çkdr.; BC gorasaḥ [20]) Steht ohne Variante Maṇim. II. V. 75 [21]) Hier haben AD noch folgenden, sicher interpolirten Vers: vaikrântaṁ vaǵrasâdṛçjaṁ vaǵravad rasavîrjakam | tathâ 'pj abhâve vaǵrasja grâhjaṁ vaikrântam uttamam | [22]) BC vaǵrâkâratajâ gegen das Metrum (Gîti) [23]) BC ǩandrâçmaç [24]) C ǩandrakâpaptaḥ, AD saṁçravopalaḥ, Çkdr. saṁplavopalaḥ, Nigh. Pr. ǩandrakopalaḥ [25]) So Çkdr.; AD °drâvaṁ, B °drâvî, C °drâvâ [26]) So Çkdr.; die Hdss. çaçikântaṁ.

212. kandrakântas tu çiçiraḥ snigdhaḥ[1]) pittâ-'sra-tâpahṛt[2]) çaçi[3])-prîti-karaḥ svakkho grahâ-'lakshmî-vinâça-kṛt[4]) ||

213. snigdhaṁ çvetaṁ pîtam atrâsam[5]) antar dhatte kitra[6])-svakkhatâṁ[7]) jaṁ munînâm | jak[8]) ka srâvaṁ[9]) jâti kandrâ-'ṁçu-saṅge[10]), ǵâtjaṁ ratnaṁ kandrakântâ-'khjam etat ||

214. râǵâvarto nṛpâvarto[11]) râǵanjâvartakas tathâ | âvartamaṇir âvartaḥ[12]) sjâd itj esha[13]) çarâhvajaḥ ||

215. râǵâvarto mṛduḥ[14]) snigdhaḥ çiçiraḥ pitta-nâçanaḥ | saubhâgjaṁ kurute nṛṇâṁ[15]) bhûshaṇeshu prajoǵitaḥ[16]) ||

216. nirgauram[17]) asita-masṛṇaṁ nîlaṁ guru[18])-nirmalaṁ bahukkhâjam | çikhi-kaṇṭha-samaṁ saumjaṁ râǵâvartaṁ vadanti[19]) ǵâtjamaṇim[20]) || (iti sphaṭikaḥ) ||

217. peroǵaṁ[21]) haritâçmaṁ ka bhasmâṅgaṁ haritaṁ dvidhâ[22]) peraǵaṁ[23]) sukashâjaṁ sjân madhuraṁ dipanaṁ param ||

218. sthâvaraṁ ǵaṅgamaṁ kai 'va saṁjogâk ka jathâ visham[24]) tat sarvaṁ nâçajek khighraṁ[25]) çûlaṁ bhûtâ-'di-dosha-ǵam[26]) || (iti ratnaprakaraṇam) ||

---

219. siddhâḥ pâradam abhrakaṁ ka vividhân dhâtûṁç ka lohâni ka | prâhuḥ kiṁ ka maṇin[27]) api 'ha[28]) sakalân saṁskârataḥ

---

1) So AD und Maṇim. II V. 73 (unser Vers); BC snigdha 2) Maṇim. dâhanut statt tâpahṛt 3) AD, Maṇim. und Çkdr. haben çiva; die Lesung çaçi° wird durch den Parallelismus mit ravitushṭidaḥ V. 206 geboten, Çiva ist hier als Mondgott wohl von einem Çivaiten hereingebracht 4) Maṇim. vinâçanaḥ 5) C âsam; wegen des folgenden antar vgl. V. 207 6) Corrigirt; die Hdss. kitta 7) C svakkhajâ 8) C jaç 9) A çrâvaṁ 10) B saṁme 11) A nṛpâvarto (D richtig) 12) BD âvarta 13) BC eshaḥ 14) So B und Maṇim. II. V. 69 (unser Vers); AD mṛdu. C katuḥ 15) BD nṛṇâṁ 16) BC prajoǵitam 17) Corrigirt, wie auch schon V. 162 gaura anstatt des handschriftlichen gâra gelesen werden musste; B nirggâram, CD nirgâram, A nigaditam 18) AB gurur 19) Fehlt in BC 20) A °muṇim; dahinter haben BC noch etat 21) BC peradaṁ 22) A budhâ, D zeigt dvidhâ aus budhâ verbessert 23) BC peroǵaṁ; aber auch Çkdr. hat peraǵa als im Râǵan. vorkommend 24) A jathâvidham 25) A nâçajet çighraṁ 26) B °nut, C °git 27) BD maṇin und so auch in A ursprünglich 28) C na.

siddhidân | jat saṁskâra-vihînaṁ eshu hi bhaved jaḱ[1]) ḱâ 'njathâ 'saṁskṛtam | tan martjaṁ vishavad vihanti, tad iha ǵñejâ budhaiḥ saṁskrijâḥ[2]) ||

220. jân[3]) saṁskṛtâḥ[4]) çubhaguṇân atha[5]) ḱâ 'njathâ vai[6]) doshâṁç ḱa jân api diçanti rasâdajo 'mî | jâç[7]) ḱe 'ha santi khalu saṁskṛtajas, tad etan nâ 'trâ[8]) 'bhjadhâji[9]) bahu-vistara-bhîti-bhâgbhiḥ ||

221. iti loha-dhâtu-rasa-ratna-tadbhidâ[10])-'dj-abhidhâ[11])-guṇa-prakaṭanâ[12])-'sphuṭâksharam avadhârja vargam imam âdja-vaidjaka-praguṇa-prajoga-kuçalo bhaved budhaḥ ||

222. kurvanti je niǵaguṇena rasâdhvagena nṛṇâṁ[13]) ǵarantj api vapûṁshi punarnavâni | teshâm ajaṁ[14]) nivasatiḥ[15]) kana-kâdikânâṁ vargaḥ prasidhjati[16]) rasâjana-varga-nâmnâ ||

223. nitjaṁ jasja guṇâḥ[17]) kilâ 'ntara-lasat-kaljâṇa[18])-bhûja-stajâ[19]) | kiṭṭâ[20])-'karshaṇa-ḱuñḱavas[21]) tribhuvanaṁ bhû-mnâ parishkurvate[22]) | tenâ 'trai 'va[23]) kṛte[24]) nṛsiṁha-kṛtinâ nâmâ-'di[25])-ḱûḍâmaṇau saṁsthâm[26]) eti mitas[27]) trajodaça-tajâ vargaḥ suvarṇâdikaḥ ||

iti çrî-narahari-paṇḍita-viraḱite nighaṇṭurâǵe suvarṇâdivargas trajodaçaḥ ||

---

[1]) A bhaveḱ statt bhaved jaḱ (wie D richtig mit den andern MSS. übereinstimmend bietet) [2]) AD saṁskrijâ [3]) C jat [4]) A saṁskṛtân (D richtig) [5]) A athâ gegen das Metrum (Çakvarî, Vasantatilakâ) [6]) AD ḱed [7]) A jaḱ (D richtig) [8]) AD nâ [9]) B 'bhjadhâna; in A ist 'bhjadhâji aus urspr. vidhâji (D) verbessert [10]) A tadbhitâ, D tadbhîdâ [11]) In C fehlt 'djabhidhâ [12]) B pragaṭṭanâ [13]) AD nṝṇâṁ gegen das Metrum (Çakvarî, Vasantatilakâ) [14]) BC ijaṁ [15]) AD nivasitaḥ, B nivasaviḥ [16]) A prasiddhati verbessert aus prasiddhâti, D prasiddhjati [17]) A guṇa, D guṇâ [18]) A kalpâṇa, worüber Anm. 18 zu V. 8 zu vergleichen ist [19]) AD bhûjas tathâ [20]) A kiṇṭâṁ, D kiṇṭâ [21]) B ḱunḱas, A ḱumbanas, D kuñkuvas [22]) A pariṁkurvate, D parikurvate [23]) BC 'sha [24]) AD kṛto [25]) Corrigirt; AD nâmâni, BC nâmâ-'ti; ein atiḱuḍâmaṇi wäre denkbar, ist aber sonst nirgends nachgewiesen [26]) A saṁsthân (D richtig) [27]) AD matas.

Die Metra.

Das vorstehende Kapitel weist ausser dem epischen Çloka folgende Metra auf:

1) **Die Ârjâ und ihre Varietäten.**

   a. Reguläre Ârjâ:
      33. 125. 144. 166. 169.

   b. Giti (mit vier Moren anstatt einer Kürze im sechsten Fuss der zweiten Zeile):
      22. 28. 65. 66. 113. 114. 150. 158. 163. 167. 173. 185. 191. 199. 200. 201. 202. 205. 210. 216.

   c. Udgîti (entstehend durch die Vertauschung der beiden Halbzeilen der regulären Ârjâ):
      145.

   d. Upagîti (bestehend aus zwei gleichen Zeilen von der Gestalt der zweiten Halbzeile der regulären Ârjâ):
      149.

2) **Trishṭubh.**

   a. Indravaǵrâ, viermal $--\cup|-\quad\cup|\cup-\cup|--$:
      6. 9. 10. 19. 98.

   b. Upaǵâti, zwei Upendravaǵrâ-Zeilen ($\cup\quad\cup|\quad-\cup\cup-\cup\quad-$) und zwei Indravaǵrâ-Zeilen:
      49 (in Zeile b dieses Verses ist statt der Upendravaǵrâ- eine Ǵagatî-, Vaṁçastha-Zeile eingetreten).

   c. Çâlinî, viermal $--\quad-|--\cup|--\cup|\quad-$:
      115. 152. 155. 156. 189. 207. 213.

   d. Rathoddhatâ, viermal $\cup\quad-\cup\cup\cup|\cdot\cup-\quad\cup$:
      111. 154.

3) Gagatî.

Upagâti [gemischt aus a) Vaṁçastha-Zeilen, ⏑ – ⏑ | – – ⏑ | ⏑ – ⏑ | – ⏑ –, und b) Indravaṁçâ-Zeilen, – – ⏑ | – ⏑ | ⏑ – ⏑ | – ⏑ –]:

48 (a a b b; doch erscheint in der ersten Zeile eine Trishṭubh, Upendravagrâ). 153 (b b b a).

4) Atigagatî.

Mañgubhâshiṇî, viermal ⏑ ⏑ – | ⏑ – ⏑ | ⏑ ⏑ – | ⏑ – ⏑ | –:

221.

5) Çakvarî.

Vasantatilakâ, viermal – – ⏑ | – ⏑ ⏑ | ⏑ – ⏑ | ⏑ – ⏑ | – –:

8. 12. 39. 171. 220. 222.

6) Atidhṛti.

Çârdûlavikrîḍita, viermal – – – | ⏑ ⏑ – | ⏑ – ⏑ | ⏑ ⏑ – | – – ⏑ | – – ⏑ | –:

11. 13. 47. 117. 151. 157. 168. 178. 179. 180. 194. 219. 223.

7) Prakṛti.

Sragdharâ, viermal – – – | – ⏑ – | – ⏑ ⏑ ⏑ ⏑ ⏑ ⏑ – – | ⏑ – – | ⏑ – –:

197. 204.

ÜBERSETZUNG.

I. Metalle.[1])

1. Gold.

8. *Svarṇa* (schönfarbig), *suvarṇa* (dass.), *kanaka* (erfreuend), *uǵǵvala* (leuchtend), *kâñkana, kaljâṇa* (schön), *hâṭaka* (im Lande Hâṭaka gewonnen), *hiraṇja, manohara* (das Herz fortreissend), *gâṅgeja* (aus dem Ganges stammend), *gairika* (aus den Bergen kommend), *mahâraǵata* (grosses Silber), *agnivîrja* (die Kraft des Feuers besitzend), *rukma* (Goldschmuck), *agni* (Feuer), *heman*, *tapanîjaka* (durch Gluth geläutert), *bhâskara* (glänzend),

9. *ǵâmbûnada* (aus dem Flusse Ǵambû stammend), *ashṭâpada* (achttheilig), *ǵâtarûpa* (schönfarbig), *piñǵâna, kâmikara, karvura* (gesprenkelt), *kârtasvara* (einen schönen Klang habend), *âpiñǵara* (röthlich), *bharman* (Lohn), *bhûri* (viel), *teǵas* (Glanz), *dîpta* (strahlend), *amala* (fleckenlos), *pîtaka* (gelb),

10. *maṅgalja* (glückbringend), *saumerava* (aus dem Berge Sumeru stammend), *çâtakumbha* (im Flusse Çatakumbhâ sich findend), *çṛṅgâra* (Schmuck), *kandra* (schimmernd), *aǵara* (sich nicht abnutzend), *ǵâmbava* (aus dem Flusse Ǵambû stammend), *âgneja* (feuerähnlich), *nishka* (Goldschmuck), *agniçikha* (feuerflammig): das sind die auf zweiundvierzig (*netrâbdhi*) bestimmten[2]) Namen für Gold.

---

[1]) Die Verse 1—7, welche das Register enthalten, konnten bei der vorliegenden Einrichtung der Uebersetzung übergangen werden.

[2]) Oder: durch die Zahlen zwei und vier bestimmten. — Bhâvapr. I. 1. 262, 2 ff. hat noch *tapanîja* und *kaladhauta*, welches letztere bei uns V. 15 ein Name für Silber ist.

11. Gold schmeckt klebrig, zusammenziehend, bitter und süss; es vertreibt die drei Krankheitsstoffe (Galle, Schleim, Wind), ist kalt und ein wohlschmeckendes Elixir [1]), schafft Appetit, stärkt die Sehkraft und verleiht langes Leben. — Es verschafft Verstand, Manneskraft, Stärke, Gedächtniss und Stimme; verleiht dem Körper Anmuth, bewirkt Schönheit und Aufhören von Noth. [2]) Das gewährt (das Gold) den Männern, wenn es getragen wird. [3])

12. Dasjenige Gold ist echt, welches in der Gluth sehr roth und im Bruch hellfarbig ist, welches safranfarbig auf dem Probirstein glänzt [4]), welches glatt ist und schwer in der Wage wiegt, welches geschmeidig und gelbroth ist.

13. In dreifacher Form wird das Gold verwendet: erstens präparirt mit Quecksilber [5]), zweitens gediegen für sich allein, wie es in der Erde gefunden wird, und schliesslich in der Vermischung mit vielen Metallen. Die erste dieser Arten ist gelbroth, die zweite roth, die dritte gelblich; der Reihe nach ist immer die vorhergenannte vorzüglicher (als die folgende).

---

[1]) Ueber *rasâjana* 'Elixir' sagt Mat. Med. 6: *rasâjana* or alternative tonics are medicines which prevent or remove the effects of age, increase the vigour of healthy persons and cure the ailments of the sick.

[2]) Suçr. I. 227. 19, 20: Gold ist ein süsses, wohlschmeckendes und nährendes Elixir; es vertreibt die drei Krankheitsstoffe, ist kalt, stärkt die Sehkraft und zerstört Gifte. Cf. Bhâvapr. I. 1. 252, 11 ff.; 2. 84, 21 ff. Mat. Med. 57 unten. Wise, Commentary on the Hindu System of Medicine [2] 121.

[3]) Während also die erstgenannten Wirkungen durch innerliche Anwendung erzielt werden.

[4]) Mat. Med. 57: 'It should be - - of a red colour when exposed to heat and of saffron colour when rubbed on touchstone' scheint unsere oder eine ähnliche Stelle vor sich gehabt zu haben. Cf. Bhâvapr. I. 1. 252, 6 ff.; 2. 83, 5 ff.

[5]) *Vedha* ist ein bestimmtes Präparat von Gold mit Quecksilber (*rasa*), das auch noch V. 138 erwähnt wird. Mat. Med. 57: Gold is reduced to powder by being rubbed with mercury and exposed to heat in a covered crucible with the addition of sulphur etc.

2. Silber

14. hat siebenzehn *(munîndu)* Namen: *raupja* (abgeleitet von *rûpja*, schön), *çubhra* (schmuck), *vasuçreshtha* (das beste der Güter), *rukira* (glänzend), *kandralohaka* (Mondmetall), *çvetaka* (weisslich), *mahâçubhra* (sehr schmuck), *ragata* (weisslich), *taptarûpaka* (dessen Farbe durch Schmelzen gereinigt wird),

15. *kandrabhûti* (von dem Aussehen des Mondes), *sita* (weiss), *târa* (funkelnd), *kaladhauta* (klingend und glänzend), *indulohaka* (Mondmetall), *rûpjadhauta* (schön und glänzend), *saudha* (gipsartig), *kandrahâsa* (wie der Mond weisslich glänzend).[1])

16. Silber schmeckt klebrig, zusammenziehend und sauer, bei der Verdauung süss, und ist laxativ[2]). Es wirkt gegen Wind und Galle[3]), schafft Appetit und entfernt Runzeln und graues Haar.

17. Dasjenige (Silber) wird als das vorzüglichste bezeichnet, welches in der Gluth[4]), im Bruch und auf dem Probirstein weiss ist, welches glatt und schwer ist und bei tüchtigem Abreiben ein sehr schönes Aussehen bekommt.

3. Kupfer

18. ist zwölffach *(karendudhâ)* benannt: *tâmra* (dunkelroth), *mlekkhamukha* (von der Farbe des Gesichtes der Barbaren), *çulba*[5]), *tapaneshta* (von der Sonne geliebt), *udumbara*

---

[1]) Bhâvapr. I. I. 253, 4 hat noch *kandrakânti* (schön wie der Mond) und *sitaprabha* (weiss glänzend).

[2]) *sara* steht V. 22 neben *lavaṇa*, heisst also nicht salzig.

[3]) Suçr. I. 227. 21: Silber ist sauer, laxativ, kalt, klebrig und wirkt gegen Galle und Wind. Cf. Bhâvapr. I. 1. 253, 9 ff.; 2. 88, 5 ff. Wise, Commentary[2] 121.

[4]) Mat. Med 61. Bhâvapr. I. 1. 253, 5.

[5]) Sonst 'Schnur', hier aber erschlossen aus dem Lehnworte *çulbâri* = sulphur, dessen falsche Zerlegung in *çulba* + *ari* 'Feind des *çulba*' einem *çulba* in der Bedeutung 'Kupfer' das Leben gab. Cf. PW. s. v.

(Frucht der ficus glomerata), *umbaka*, *aravinda* (Nelumbium speciosum), *raviloha* (Sonnenmetall), *ravipriya* (der Sonne lieb)[1]), *rakta* (roth), *nepâlaka* (in Nepal heimisch), *raktadhâtu* (rothes Metall).[2])

19. Gut ausgeschmolzenes Kupfer schmeckt süss, zusammenziehend und bitter, bei der Verdauung scharf, und ist kalt.[3]) Es wirkt gegen Schleim und Galle, heilt Verstopfung, Cholik, Gelbsucht und Leibesanschwellungen.[4])

20. Dasjenige Kupfer ist gut und ohne Beimischung, welches das Hämmern[5]) verträgt (d. h. sich als dehnbar erweist), welches glatt, fleckenlos wie eine Boerhavia rosea und geschmeidig ist und aus einer guten Mine stammt.

4. Zinn

21. hat zehn Namen: *trapu*, *trapusa*, *âpûsha*, *vanga* (bengalisch)[6]), *madhura* (süss), *hima* (kalt), *kurûpja* (schlechtes

---

[1]) Die Namen *tapaneshṭa*, *raviloha*, *ravipriya* beziehen sich auf die leichte Erhitzbarkeit des Metalles durch die Sonnenstrahlen. Cf. PW. s. v. *tapaneshṭa*.

[2]) Bhâvapr. I. 1. 253, 17, 18 hat *undurara* und *aundurara* wohl fehlerhaft für *udumbara* und *audumbara*.

[3]) Suçr. I. 228. 1: Kupfer ist zusammenziehend, süss, lösend und laxativ. Cf. Bhâvapr. I. 1. 253, 23, 24; 2. 89, 18 ff.

[4]) Bhâvapr. a. a. O. Wise, Commentary[2] 122. Mat. Med. 63 oben und 64: In enlargments of the abdominal viscera, designated by the term *gulma*, copper is used in a variety of forms.

[5]) Man könnte *ghana* in *ghanaghâtasaha* als adj. fassen und übersetzen 'zäh und das Hämmern vertragend'; doch werde ich durch *ghanâgnisaha* V. 34 (vgl. die Anm. zu dem V.) bestimmt *ghana* als subst. zu nehmen, *ghanaghâta* also in der Bedeutung 'Schlag des Hammers, Hämmern'. Ebenso Bhâvapr. I. 1. 253, 19, 21 *ghanakshama* 'den Hammer vertragend' und *ghanâsaha* 'd. H. nicht vertragend'.

[6]) Wohl weil das Zinn, das in Vorderindien selbst nicht heimisch ist (Mat. Med. 68, 69), von Birma aus zunächst nach Bengalen importirt sein wird.

Silber), *pikkuṭa* (zusammengedrückt), *raṅga* [1]), *pûtigandha* (stinkend). [2])

22. Zinn schmeckt scharf, bitter, zusammenziehend, salzig und ist kalt. Es wirkt laxativ, heilt krankhaften Harnfluss, vertreibt Würmer, Gelbsucht und Hitze, verleiht Schönheit und ist ein Elixir. [3])

23. Als das geschätzteste beste Zinn wird dasjenige bezeichnet, welches weiss, leicht, geschmeidig, hell und glatt ist, welches Hitze verträgt und kalt ist, und aus welchem sich Fäden und Blätter (d. h. Draht und Stanniol) bilden lassen. [4])

5. Blei

24. hat sechzehn Namen: *sisaka*, *ǵaḍa* (kalt, starr), *sisa*, *javaneshṭa* (bei den Javana geschätzt), *bhuǵaṅgama* (Schlange, in dieser ursprünglichen Bedeutung aber masc.), *jogishṭa* (von den Zauberern gesucht), *nâga* (Schlange, in dieser Bedeutung jedoch masc.), *uraga* (Schlange, desgl.), *kuvaṅga* (geringes Zinn), *paripishṭaka* (plattgestampft),

25. *mṛdukṛshṇâjasa* (weiches Eisen), *padma* (Nelumbium speciosum), *târaçuddhikara* (Silber reinigend) [5]), *sirâvṛtta* (in

---

[1]) Sonst 'Farbe', aber in dieser Bedeutung möglicher Weise aus *raṅga* unter dem Einfluss des Bengali-Alphabets entstanden, in welchem r (ৰ) von v (ব) nur durch einen diakritischen Punkt unterschieden wird. *Raṅg* ist der heutige Volksausdruck, Mat. Med. 68.

[2] Bhâvapr. I. 1. 254, 6 ff.; hier steht *rakta* fehlerhaft für *raṅga* und dann werden zwei Sorten unterschieden, eine bessere, *khuraka*, und eine geringere, *miçraka*.

[3]) Suçr. I. 228. 4: Zinn und Blei schmecken scharf und salzig, treiben Würmer ab und wirken lösend. Cf. Bhâvapr. I. 1. 254, 9 ff.; 2. 90, 21 ff. Mat. Med. 69, 70 erwähnt die häufige Anwendung von Zinn in urinary diseases, diabetes und painful micturition. Wise, Commentary [2] 122: (Tin) is an anthelmintic, and cures gonorrhoea and jaundice.

[4]) Welches also einen besonders hohen Grad von Dehnbarkeit aufweist. In gleicher Weise wird V. 31 das Messing gelobt, welches *sûtrapattriṇi* ist.

[5]) Handwörterbuch der reinen und angewandten Chemie, VII. 55: So schmilzt man Silber haltendes Kupfer mit Blei zusammen, um durch Absaigern das Silber mit dem Blei abfliessen zu machen, wobei das Kupfer dann frei oder nahezu frei von Silber zurückbleibt.

Adern vorkommend), *vanga* (Zinn), *kinapishṭa* (in China platt gestampft).[1])

26. Kalt ist (das Blei) dem Zinn gleich an Geschmack, Kräften und hinsichtlich der Verdauung[2]); warm wirkt es gegen Schleim und Wind, heilt Hämorrhoiden und löst schwerverdauliche Speisen.[3])

27. Das vorzüglichste Blei ist dasjenige, welches bläulich in der Farbe, geschmeidig, glatt, fleckenlos und recht schwer ist, welches schnell wirkt beim Silberreinigen.[4])

6. Gelb- und Rothmessing.

28. (Die eine Art) wird neunfach benannt: *rîti* (Strom), *kshudrasuvarṇa* (schlechtes Gold), *siṁhalaka* (in Ceylon heimisch), *piṅgala* (braunroth), *pîtalaka* (gelb), *lohitaka* (röthlich), *ârakûṭa*, *piṅgalaloha* (braunrothes Metall), *pîtaka* (gelb).

29. Die andere Art heisst *râǵarîti* (Königsmessing), *kâkatuṇḍî* (Krähenschnabel, Name der Asclepias curassavica), *râǵaputrî* (Königstochter, Name mehrerer Pflanzen), *maheçvarî* (grosse Gebieterin, N. der Clitoria Ternatea), *brâhmaṇî* (Brahmanenfrau, N. mehrerer Pflanzen), *brahmarîti* (Brahmanenmessing), *kapilâ* (rothbraune Frau, N. mehrerer Pflanzen), *piṅgalâ* (braunrothe Frau, N. der Dalbergia Sissoo Roxb.).[5])

30. Diese beiden Arten Messing schmecken in einer Mixtur bitter und salzig und sind kalt; sie wirken reinigend, vertreiben Gelbsucht, Wind, Würmer, Milzkrankheiten und die Leiden, welche auf Galle beruhen.[6])

---

[1]) Bhâvapr. I. 1. 254, 19 hat noch *vradhra* (fehlerhaft für *vadhra*), *vapra* und *jogeshṭa* für unser *jogishṭa*.

[2]) Cf. Suçr. in der Anm. zu V. 22. Bhâvapr. I. 1. 254, 21. Wise, Commentary[3] 122.

[3]) Bhâvapr. I. 1. 254, 21 ff.; 2. 91, 18 ff. Ueber *lekhana* vgl. die Anm. zu V. 50.

[4]) S. Anm. 5 zu V. 25.

[5]) Die Namen beider Sorten s. Bhâvapr. I. 1. 258, 9 ff., wo noch *pittala* und *âra* stehen.

[6]) Vgl. die sehr ähnlichen Verse Bhâvapr. I. 1. 258, 14, 15 und 2. 95, 15, 16. — *Rasa* heisst eine grosse Anzahl von Mixturen, speciell metallische Arzeneien.

31. Dasjenige Messing wird als echt bezeichnet, welches rein, glatt, geschmeidig, kalt und schönfarbig ist, aus welchem sich Fäden und Blätter[1]) (d. h. Messingdraht und Rauschgold) herstellen lassen, welches goldähnlich, hübsch und hell ist.

7. Weissmessing

32. hat neun Namen: *kâṁsja*, *saurâshṭrika* (im Lande Surâshṭra heimisch), *ghoshu* (tönend), *kaṁsîja*, *vahnilohaka* (Feuermetall), *dîpta* (glänzend), *loha* (Metall), *ghoraghushja* (grausig tönend)[2]), *dîptakaṁsa* (glänzendes Messing).[3])

33. Weissmessing schmeckt bitter und ist warm, es stärkt die Sehkraft und beseitigt die durch Wind und Schleim hervorgerufenen Leiden;[4]) auch schmeckt es trocken und zusammenziehend und ist dann ein Appetit schaffendes, leicht verdauliches Heilmittel, das nicht nur den Appetit reizt, sondern auch die Verdauung befördert.[5])

34. Als das vorzüglichste Weissmessing wird dasjenige genannt, welches weiss, glänzend, mattleuchtend, klangreich, glatt und fleckenlos ist, welches Hammer[6]) und Feuer verträgt und (beim Zerbrechen) faserig ist.

---

[1]) Zu *sûtrapattriṇî* vgl. *sûtrapattrakara*, das vom Zinn V. 23 gebraucht ist.

[2]) Weil daraus die sogenannten Gongs verfertigt werden.

[3]) Bhâvapr. I. 1. 258, 2 hat noch die Namen *tâmratrapuja* (aus Kupfer und Zinn hergestellt) und *kaṁsaka*.

[4]) Suçr. I. 228. 2: *kâṁsja* ist bitter, lösend, der Sehkraft förderlich und wirkt gegen Schleim und Wind. Cf. Bhâvapr. I. 1. 258, 6, 7: 2. 95, 13.

[5]) *rukja* ist 'Appetit machend' ohne Rücksicht auf die Verdauung; *dipana* are medicines which promote appetite, but do not aid in digesting undigested food; *pâkana* are medicines which assist in digesting undigested food, but do not increase the appetite, Mat. Med. 5. Cf. Suçr. I. 156. 6. Unser Metall gehört also zu den Stoffen, welche sind appetizers as well as digestives (Mat. Med. a. a. O.). So stehen *dipana* und *pâkana* noch neben einander V. 131 und 188.

[6]) Handwörterbuch der reinen und angew. Chemie, V. 212: Als hämmerbares Messing wird eine Legirung angefertigt, welche aus 3 Thln. Kupfer auf 2 Thle. Zink besteht.

8. Damascirter Stahl[1])

35. heisst: *vartaloha* (aus verschiedenen Lagen bestehendes Metall), *vartatîkshṇa* (desgl. Stahl), *vartaka* (aus Lagen bestehend), *lohasaṁkara* (aus einer Metallmischung entstanden), *nîlaka* (bläulich), *nîlaloha* (bläuliches Metall), *lohaǵa* (aus Metall hervorgegangen), *baṭṭalohaka* (prakritisirt aus *vartalohaka*).

---

[1]) Die Identificirung darf nicht als ganz gesichert betrachtet werden; im PW. sind die ersten in V. 35 aufgezählten Synonyma mit 'eine Art Messing' übersetzt, dagegen *lohasaṁkara*, *nîlaka* und *nîlaloha* mit 'blauer Stahl'. Man könnte Zink vermuthen und sich auf eine Erklärung des Çkdr. berufen, welcher s. v. *vartaloha* sagt: *vidri iti bhâshâ*; denn *bidrî* ist nach Shakespear, A Dictionary Hindûstânî and English[4]: 'a kind of tutanag inlaid with silver, used to make ḥukka bottoms, cups etc. and so called from Beeder, the name of a city and province'. Damit ist zu vergleichen, was Hunter, Imperial Gazetteer of India IV. 581 sagt: Damascening in silver, which is chiefly done upon bronze, is known as *bidari* work. Vor allen Dingen aber ist zu bemerken, dass Zink im Sanskrit *jaçada* heisst (Bhâvapr. I. 1. 254, 13, 14; 258, 11; 2. 91, 2 ff. Mat. Med. 71), und es wird nicht zu viel Gewicht darauf zu legen sein, dass im Bhâvapr. diesem *jaçada* einige der Eigenschaften und Kräfte beigelegt werden, welche oben V. 36 unserem *vartaloha* zugeschrieben sind. Der Hauptgrund, welcher mir gegen das Zink zu sprechen scheint, liegt in der Bedeutung der Namen selbst, unter denen *vartatîkshṇa* doch zu ostensibel das Grundwort für Stahl, *tîkshṇa*, aufweist. Sucht man nun aus den Synonymen die Identität des Metalles festzustellen, so empfiehlt sich als Ausgangspunkt am besten das zuletzt genannte *baṭṭalohaka*, dessen *baṭṭa* offenbar nichts anderes ist, als eine volkssprachliche Form des in den drei ersten Namen auftretenden *varta*, — wenn man nicht etwa gar in *varta* eine erst aus *baṭṭa* herausetymologisirte Sanskritform sehen will. *baṭa* heisst nun in Marâṭhî nach Molesworth, Muraṭhee and English Dict.[5], 'a kind of iron', auch 'the steel-head of the stone-splitters' *suṭaki*' (an instrument of stone-splitters, wohl Hammer oder Meissel). Danach scheint für unsern Paragraphen am besten der damascirte, d. h. aus verschiedenen Lagen (*varta*) zusammengeschweisste Stahl zu passen, obwohl — wie sich nicht verkennen lässt — die Stellung desselben an diesem Orte auffällig ist. Für unsere Identificirung dürfte aber noch sprechen, dass 'damascening on iron and steel' gerade in Kashmir im Gebrauch ist (cf. Hunter a. a. O.) und dass also der Verfasser unseres Wörterbuchs, der ein Kashmirer ist, besondere Veranlassung gehabt haben kann den damascirten Stahl an hervorragender Stelle zu nennen.

36. Er schmeckt scharf und ist warm, ist aber auch bitter und kalt; er wirkt gegen Schleim und Galle und heilt, wenn er süss schmeckt, Hitze und krankhaften Harnfluss.

9. Magneteisen

37. ist siebenfach benannt: *ajaskânta* (Eisen liebend, s. v. a. anziehend), *kântaloha*[1]) (dass.), *kânta* (wohl nur eine aus den anderen Namen hergeleitete Verkürzung), *lohakântaka* (Eisen liebend), *kântâjasa* (dass.), *kṛshṇaloha* (schwarzes Eisen), *mahâloha* (edles Eisen).

38. Magneteisen schmeckt streng und trocken und ist warm; es heilt am besten Gelbsucht und Geschwüre, wirkt gegen Schleim und Galle und ist für Männer ein unübertreffliches Elixir.[2])

39. So heisst es auch: 'Eine vierfache Art (Magnet) giebt es, *bhrâmaka* (hin und her bewegend, näml. das Eisen), *kumbaka*[3]) (küssend), *romaka* (römisch) und *khedaka* (an sich drückend, festhaltend). Diese nehmen in der Reihenfolge zu an den Eigenschaften des Magnets und verleihen (je nach der Reihe) Stärke, körperliche Schönheit, Schwärze des Haupthaares und Gesundheit.'

40. Und ebenso: 'Verschiedene Arten von Magneteisen giebt es: *bhrâmaka, kumbaka* u. s. w.; sie alle wirken als vortreffliche Elixire und verschaffen Götterkräfte.[4])

41. Ohne Quecksilber kein Magnet, ohne Magnet keine Mixtur! Aus der Vereinigung von Quecksilber und Magnet entsteht ein Elixir.'[5])

---

[1]) In der heutigen indischen Medicin ist nach Mat Med. 46 *kântaloha* (oder °*lauha*, wie dort steht) Gusseisen.

[2]) Cf. Bhâvapr. I. 2. 256, 7 ff.

[3]) *Kumbaka* steht als magnetisch unter den Mineralien Bhâvapr. I. 1. 265, 3, 4.

[4]) Von einem ähnlichen Enthusiasmus für *kântaloha* zeugen die Zeilen Bhâvapr. I. 2. 256, 10, 11.

[5]) Recepte, nach denen Eisen und Quecksilber gemischt werden, finden sich Mat. Med. 47, 49, 54 und sonst.

10. Eisenrost

42. heisst *lohakiṭṭa* (Eisenausscheidung), *kiṭṭa* (Ausscheidung), *lohakûrṇa* (Eisenstaub), *ajomala* (Eisenschmutz), *lohaǵa* (am Eisen entstehend), *kṛshṇakûrṇa* (schwarzer Staub), *kârshṇja* (Schwärze), *lohamala* (s. v. a. *ajomala*).[1])

43. Eisenrost schmeckt süss und scharf und ist warm; er vertreibt Würmer und Blähungen, Verdauungsbeschwerden[2]), durch Wind hervorgerufene Cholik, krankhaften Harnfluss, Unterleibsleiden und Geschwüre.

11. Eisen und Stahl.

44. Eisen hat neun Namen: *muṇḍa* (kahl), *muṇḍâjasa* (kahles Eisen), *loha* (masc.), *dṛshatsâra* (steinhart oder Kern des Steines), *çilâtmaǵa* (Kind des Felsens), *açmaǵa* (aus Felsen gewonnen), *kṛshiloha* (Metall zum Pflügen), *âra* (Erz), *kṛshṇâjasa* (schwarzes Eisen).

45. Stahl ist fünfzehnfach benannt: *tîkshṇa* (scharf), *çastrâjasa* (Waffen-Eisen), *çastra* (Waffe, wohl Verkürzung des vorigen), *piṇḍa* (Klumpen), *piṇḍâjasa* (Klumpen-Eisen), *çaṭha* (falsch, boshaft), *âjasa*, *niçita* (scharf), *tîvra* (dass.), *loha* (neutr.), *khaḍga* (Schwert), *muṇḍaǵa* (aus Eisen hervorgegangen), *ajas*, *kitrâjasa* (glänzendes Eisen), *kînaǵa* (in China heimisch).

46. Das Metall[3]) schmeckt trocken und bitter und ist warm; es

---

[1]) Sonst heisst Eisenrost noch *maṇḍûra*, Suçr. II. 468, 9. Mat. Med. 46. Bhâvapr. I. 1. 256, 13 hat noch die Namen *lohasiṁhânikâ*, *kiṭṭi* und *siṁhâna*.

[2]) *guḍa-maṇḍûra* wird gegen dyspepsia Mat. Med. 50 vorgeschrieben; das in der Note citirte Recept aus Bhâvapr. steht II. 3. 11, 18. Die Krankheit wird als *pariṇâm sul* (= *pariṇâma-çûla*) ausführlich beschrieben von Wise, Commentary [8] 345. — Nach Bhâvapr. I. 1. 255, 13 und 256, 14 hat Eisenrost die gleichen Kräfte wie Eisen.

[3]) In *loha* sind hier Eisen und Stahl deutlich zusammen begriffen, wie auch Bhâvapr. I. 1. 255, 7 unter *loha* und den folgenden Namen, von denen noch *çastraka* und *kâlâjasa* der Reihe der unsrigen hinzuzufügen sind.

wirkt gegen Wind, Galle und Schleim und heilt krankhaften Harnfluss, Gelbsucht und Cholik.[1]) Stahl gilt für vorzüglicher als Eisen.

12. Die schädlichen Einflüsse der Metalle in ungereinigtem Zustande.

47. Wenn es nicht vollständig gereinigt ist[2]), wirkt Gold in schwer heilbarer Weise erschlaffend und Schweiss erzeugend[3]), Silber hemmt die Functionen der Eingeweide und ruft Schwäche hervor[4]), Kupfer erzeugt Erbrechen und Schwindel[5]), Blei und Zinn Schwäche der Glieder[6]), Eisen Unterleibs- und andere Krankheiten, Stahl Cholik[7]), Magneteisen Eingeweideleiden und Pusteln.

48. Eisen und Stahl, wenn sie der Reinigung entbehren, bewirken (ausserdem noch) Appetitlosigkeit, Schwerfälligkeit und Leibesanschwellungen. Eisen, mit Weissmessing gemischt, wirkt septisch und erhitzend; mit Roth- oder Gelbmessing (zersetzt) trübt es den Geist und erzeugt Geschwüre.

---

[1]) Suçr. I. 228. 3: *loha* erregt Wind, ist kalt und vertreibt Durst sowie Galle und Schleim. Cf. Bhâvapr. I. 1. 255, 10 ff.; 2. 93, 6 ff. Auffallender Weise weichen diese beiden Werke, welche das Eisen kalt nennen, von unserem Texte, der es als warm bezeichnet, in einem Punkte ab, für welchen die medicinischen Schriften der Inder eine systematische Vorliebe zeigen; vgl. die Anm. zu V. 81 und 93. — Mat. Med. 47: It (iron) is used in painful dyspepsia, - - jaundice, - - urinary diseases. Vgl. auch die folgenden Seiten. Wise, Commentary [2] 123.

[2]) *samjag açodhitam* ist s. v. a. *na samjak çodhitam*.

[3]) Cf. Bhâvapr. I. 1. 252, 16 ff.; 2. 83, 14 ff.

[4]) Ebendas. I. 1. 253, 12, 13; 2. 87, 17 ff.

[5]) Ebendas. I. 1. 254, 3, 4; 2, 88, 19 ff.

[6]) Ebendas. I. 1. 255, 2, 3; 2. 90, 4 ff. Die obige Fassung von *aṅgadosha* gebietet der Parallelismus mit *âkshepa-kampau* 'Zuckungen und Zittern' im Bhâvapr.

[7]) Bhâvapr. I. 1. 255, 14 ff.; 2. 92, 1 ff.

II. Nicht-metallische Mineralien.[1]

1. Rother Arsenik

49. hat zehn Namen: *manaḥçilâ*[2] (Stein des Sinnes oder Geistes), *kunaṭî*, *manoǵńâ* (dem Sinn entsprechend, gefällig), *çilâ* (Stein), *manohvâ* (nach *manas* 'Sinn' benannt), *nâgaǵihvikâ* (Schlangenzünglein), *nepâlikâ* (in Nepal heimisch), *manaso guptâ* (sonst *manoguptâ*, vom Sinn beachtet?), *kaljâṇikâ* (schön), *rogaçilâ* (Krankheitsstein).[3]

50. Rother Arsenik schmeckt scharf[4]), glänzt, wirkt verdünnend[5]) und zerstört Gifte; er heilt Besessenheit, Furcht, Geistesverwirrung[6]) und verleiht die Fähigkeit, andere sich unterthan zu machen.

2. Mennig, rothes Bleioxyd,[7]

51. hat vierzehn *(manu)* Bezeichnungen: *sindûra*, *nâgareṇu* (Bleistaub), *rakta* (roth), *sîmantaka* (für den Scheitel, d. h. zu dessen Färbung benutzt), *nâgaǵa* (aus Blei entstanden), *nâgagarbha* (dass.), *çoṇa* (roth), *vîraraǵas* (Männerstaub?),

---

[1]) Mit der Classificirung solcher Dinge darf man es bei einem indischen Lexikographen nicht so genau nehmen; denn es stehen in diesem Abschnitte eine Reihe von Stoffen, welche nach unserer Erkenntniss in den ersten gehörten, Quecksilber, Antimon, Legirung von Silber und Gold u. s. w.

[2]) Die verschiedenen mit *manas* gebildeten Namen beziehen sich entweder auf die Schönheit der Farbe oder auf die Kraft des Arseniks den Verstand zu conserviren, sofern er Besessenheit abwendet.

[3]) BhÂvapr. I. 1. 264, 2, 3 hat noch die Namen *naipâlî*, *golâ* und *divjaushadhi* (himmlisches Heilmittel).

[4]) Suçr. I. 132. 16.

[5]) *lekhana* or attenuants remove bad humours and altered constituents of the body by thinning them gradually and thus clearing the system of them. Mat. Med. 6.

[6]) Suçr. II. 298. 4 wird der Stoff gegen *mûrkhâ* 'Ohnmacht' verordnet und bei Dhanvantari heisst es (Roth): *bhûtâveça-bhajaṁ hanti pralepatilakâdibhiḥ.* Zu dem ganzen Verse vgl. BhÂvapr. I. 1. 264, 4 ff.; 2. 106, 18 ff.

[7]) Mat. Med. 73: The read oxide of lead, or minium, was manufactured by the ancient Hindoos. It is known by the name of *sindûra*, and is used by all married Hindoo women as a paint for the forehead.

52. *gaṇeçabhûshaṇa* (Gaṇeça's Schmuck), *saṁdhjârâga* (von der Farbe der Abenddämmerung), *çṛṅgâraka* (Schmuck), *saubhâgja* (Wohlfahrt schaffend), *aruṇa* (röthlich), *maṅgalja* (Glück bringend).[1])
53. Mennig schmeckt scharf, bitter und ist warm; er heilt Wunden und ist ein vorzügliches Mittel gegen Aussatz, Blutungen, Vergiftung, Jucken und Rothlauf.[2])
54. Derjenige Mennig ist rein und bringt Glück, welcher schönfarbig, das Feuer aushaltend[3]), fein, glatt, klar, schwer, weich und aus einer Goldmine gewonnen ist.[4])

3. Kalk der Bhûnâga-Schnecke.

55. Die *bhûnâga*-Schnecke (Erdschlange) hat noch folgende Namen: *kshitinâga* (dass.), *bhûǵantu* (Erdgeschöpf), *raktaǵantuka* (rothes Geschöpf), *kshitiǵa* (erdgeboren), *kshitiǵantu* (Erdgeschöpf), *bhûmiǵa* (erdgeboren), *raktatuṇḍaka* (Rothmaul).
56. Die *bhûnâga*-Schnecke (oder vielmehr die Kalkmasse, aus welcher ihr Haus besteht) wird beim Calciniren des Diamanten verwendet[5]) und leistet sonst mancherlei

---

[1] Bhâvapr. I. 1. 258, 16, 17 hat noch *raktareṇu* (rother Staub) und *sîsaǵa* (s. v. a. unser *nâgaǵa*).

[2]. Fast identisch Bhâvapr. I. 1. 258, 18, 19; 2. 95, 19, 20. Nach Mat. Med. 73 wird Mennig gegen eruptive skin diseases angewendet.

[3]) Der Farbstoff wird bekanntlich durch langdauernde Erhitzung gewonnen. Handwörterb. d. r. u. ang. Chemie, I. 826: Auch wird die Operation des Brennens zuweilen wiederholt, um die Farbe des Productes zu erhöhen.

[4]) Natürlicher Mennig ist jedoch nicht in der Nähe des Goldes gefunden.

[5]) *vaǵramâra* (im PW. ist s. v. *kshitinâga* aus Çkdr. fehlerhaft *vaǵramârakatram* abgedruckt) ist s. v. a. *vaǵrasja mâraṇam*. Wie andere Mineralien werden auch Diamanten und sonstige Edelsteine pulverisirt und unter Zusetzung verschiedener Stoffe geröstet, um als Arzenei zu dienen. Nachdem vorher das *mâraṇa*, Calciniren, vieler Metalle und Mineralien beschrieben ist, wird Bhâvapr. I. 2. 108, 3 ff. auch das des Diamanten erörtert; unter dem Zeile 6 genannten *bhuǵaṁga* wird nach Ausweis unseres Textes schwerlich etwas anderes als der *bhûnâga* zu verstehen sein.

Dienste[1]); auch wird sie (als ein Ingrediens) bei der Präparirung von Quecksilber genannt[2]); das in ihr lebende Thier aber ist Antidoton.

4. Zinnober

57. ist mit fünfzehn *(bâṇabhû)* Namen bestimmt: *hiṅgula, barbara* (im Lande der Barbaren gewonnen), *rakta* (roth), *surañga* (schönfarbig), *sugara* (sehr giftig), *rañǵana* (färbend), *darada* (aus dem Lande der Darada kommend), *mlekkha* (s. v. a. *barbara*), *kitrâṅga* (glänzend), *kûrṇapârada* (Staub-Quecksilber),

58. ferner *karmâraka, maṇirâga* (von der Farbe der Edelsteine), *rasodbhava* (aus Quecksilber hervorgegangen), *rañǵaka* (färbend), *rasagarbha* (s. v. a. *rasodbhava*).[3])

59. Zinnober schmeckt süss und bitter; er ist warm und wirkt gegen Wind und Schleim; bei längerem Gebrauch benimmt

---

[1]) *viǵñâna* ist nach Lexikographen (cf. PW. s. v.) = *çilpa* und *karman*; diese Bedeutung können wir hier allein gebrauchen.

[2]) Reines Quecksilber wird durch Erhitzung von Zinnober und Zusetzung von Kalk (vgl. Handwörterb. d. r. u. angew. Chemie, VI. 744 oben) gewonnen; dieser Process heisst *ǵâraṇa*. Cf. die *hiṅgulâdrasâkarshaṇa-vidhi* Bhâvapr. I. 2. 103, 15 ff. und Mat. Med. 28: Mercury is first rubbed with brick-dust and garlic, then tied in four folds of cloth and boiled in water over a gentle fire for three hours in an apparatus called *Dolâ yantra*. - - Mercury obtained by sublimation of cinnabar is considered pure and preferred for internal use. Zu vergl. ist auch ebendas. das Präparat, welches den Namen *shaḍguṇabali-ǵârita-rasa* führt, d. h. 'unter Zersetzung mit dem sechsfachen Quantum Schwefel präparirtes Quecksilber'. Wie Bhâvapr. I. 2. 99, 5 ff. lehrt, ist *ǵâraṇa* 'Sublimiren' synonym mit *ûrdhvapâtana*. Ueber sonstige chemische Processe mit Quecksilber vgl. die Anmerkungen zu V. 112.

[3]) Bhâvapr. I. 1. 261, 4 ff., wo noch *iṅgula* steht; hier finden wir auch eine speciellere Angabe über drei verschiedene Zinnobersorten: *karmâra, çukatuṇḍaka* (Papagei-Schnabel) und *haṁsapâda* (Gänsefuss): die erste dieser drei Arten spielt ins helle, weissliche (*çuklavarṇa*), die zweite ist gelblich (*sapîta*), die letzte von der Farbe der chinesischen Rose (*ǵavâkusumasaṁkâça*).

er das Fieber, sei dieses aus krankhafter Affection der drei oder auch nur zweier Feuchtigkeiten entstanden.[1])

5. Gelber und rother Ocker.[2])

60. Gelber Ocker heisst *gairika* (aus den Bergen kommend), *raktadhâtu* (rothes Mineral), *giridhâtu* (Berg-Mineral), *gavedhuka* (neutr.; als masc. und fem. Coix barbata), *dhâtu* (Mineral), *rangadhâtu* (rothfarbiges Mineral), *giriġa* (s. v. a. *gairika*), *girimṛdbhava* (in der Erde der Berge sich findend).[3])

61. Die andere Art (der rothe Ocker) hat sechs Namen: *suvarṇagairika* (Gold-Ocker), *svarṇadhâtu* (dass.), *suraktaka* (sehr roth), *saṁdhjâbhra* (von der Farbe einer Regenwolke in der Abenddämmerung), *babhrudhâtu* (rothbrauner Ocker), *çilâdhâtu* (s. v. a. *giridhâtu*).

62. Ocker schmeckt süss und zusammenziehend und ist kalt; er heilt Wunden, Blasen, Hämorrhoiden und verbrannte Stellen.[4]) Die mit *svarṇa* 'Gold' beginnende Sorte (d. h. die zweite) ist besser.

6. Alaunschiefer[5])

63. hat vierzehn Namen: *tuvarî* (adstringirend), *mṛd* (Thon), *saurâshṭrî* (im Lande Surâshṭra heimisch)[6]), *mṛtsâ* (schöner Thon), *âsanga*, *surâshṭraġâ* (aus dem Lande Surâshṭra kommend)[6]), *bhûghnî* (den Boden umbringend, d. h. seine

---

[1]) Bhâvapr. I. 1. 261, 10, 11: 2. 103, 13, 14. Mat. Med. 31 wird eine Arzenei, die als wesentlichstes Ingrediens Zinnober enthält und von diesem den Namen *hingulеçvara* hat, gegen ordinary remittent fever verordnet.

[2]) Mat. Med. 96: Two sorts of *gairikâ* or ochre ar mentioned by Sanskrit writers, namely, red and yellow. *Suvarṇagairika* ist röther als *gairika*, Bhâvapr. I. 1. 265, 6.

[3]) Bhâvapr. I. 1. 265, 5 hat noch *gaireja* (s. v. a. unser *gairika*).

[4]) Bhâvapr. I. 1. 265, 7, 8. Mat. Med. 96: It is described as sweetish, astringent, cooling and useful in ulcers, burns, boils etc.

[5]) Mat. Med. 80: Alum is prepared from alum shale in the Punjab and Behar. Die Behandlung des Alaun selbst folgt später V. 119. 120.

[6]) Mat. Med. 96: A sweet scented earth brought from Surat and called *Saurâs(h)ṭra mṛttikâ* is regarded as astringent and useful in hemorrhages. Cf. Wise, Commentary [2] 125.

Fruchtbarkeit zerstörend), *mṛtâlaka* (Thon), *kâṁsî*[1]), *mṛttikâ* (Thon), *suramṛttikâ* (Götterthon), *stutjâ* (preiswerth), *kâṅkshî, sujâtâ* (schön).[2])

64. Alaunschiefer schmeckt bitter, scharf, zusammenziehend und sauer. Er wirkt verdünnend, ist den Augen heilsam und adstringirend[3]) und benimmt Erbrechen sowie die durch Galle hervorgerufene Hitze.[4])

7. Gelber Arsenik, Auripigment,

65. hat siebenzehn Namen: *haritâla* (gelber Arsenik, *âla*), *godanta* (Rindszahn), *pîta* (gelb), *naṭamaṇḍana* (Schmuck der Schauspieler), *gaura* (hellgelb), *kitrâṅga* (glänzend), *piṅgaraka* (goldfarben), *ala* (vgl. *âla*), *tâlaka, tâla* (zwei unorganische Abkürzungen von *haritâla*),

66. *kanakarasa* (Goldmineral), *kâñkanaka* (goldig), *biḍâlaka* (Katze?), *kitragandha* (von auffälligem Geruch), *piṅga* (bräunlich), *piṅgasâra* (bräunlicher Stoff), *gaurîlalita* (der Gaurî lieb).[5])

67. Gelber Arsenik schmeckt scharf, ist warm und glänzend, heilt Hautkrankheiten, wendet die von Dämonen drohenden Gefahren ab und beseitigt die durch Gifte oder Wind erregten Schmerzen.[6])

---

[1]) *kaṁsapâtra* ist s. v. a. *âḍhaka* (ein Maass; s. Böhtlingk, Wörth. in kürz. Fassung); nun heisst *âḍhakî* aber auch Alaunschiefer (Ngh. Pr. und Bhâvapr. I. 1. 265, 24) und daher ist derselbe auch mit dem Synonymon *kâṁsî* benannt.

[2]) Bhâvapr. I. 1. 265, 23, 24 hat *mṛtsnâ* für unser *mṛtsâ*.

[3]) *grâhi(n)* or inspissants are medicines which from their stomachic, digestive and heating qualities, dry the fluids of the body. Mat. Med. 6. — Ueber *lekhana* s. Anm. z. V. 50.

[4]) Bhâvapr. I. 1. 266, 1 legt dem Alaunschiefer dieselben Kräfte bei, wie dem Alaun (*sphaṭikâ*).

[5]) Bhâvapr. I. 1. 263, 11 ff. hat noch das in unserem *haritâla* enthaltene *âla* und unterscheidet zwei Sorten des gelben Arseniks, *pattraharitâla* und eine geringere *piṇḍaharitâla*, wie Mat. Med. 41.

[6]) Bhâvapr. I. 1. 263, 19 ff.; 2. 106, 5. Mat. Med. 42 unten und 44 oben wird gelber Arsenik namentlich als Mittel gegen skin diseases genannt. Wise, Commentary[2] 124. — *rugârti* in unserem Verse ist nur Redeschmuck, wie *ârtidosha* V. 203.

8. Steinharz[1])

68. heisst *çilâjatu* (wörtlich Steinharz), *açmottha* (aus Stein hervorgegangen), *çaila* (dass.), *girija* (aus den Bergen kommend), *açmaja* (aus den Steinen kommend), *açmalâkshâ* (Steinlack), *açmajatuka* (Steinharz), *jatvaçmaka* (dass.).[2])

69. Steinharz schmeckt bitter und scharf; es ist warm, ein Alterativum und heilt krankhaften Harnfluss, Geistesverwirrung, Blasenstein, Geschwüre, Aussatz und Fallsucht.[3])

9. Schwefel

70. ist mit fünfzehn *(çarabhû)* Namen benannt: *gandhaka* (geruchreich), *gandhapâshâṇa* (riechendes Mineral), *gandhâçman* (dass.), *gandhamodana* (durch den Geruch erfreuend), *pûti-*

---

[1]) Mat. Med. 95: *Çilâjatu* literally means stone and lac (irrig, s. oben). The term is applied to certain bituminous substances said to exude from rocks during the hot weather. It is said to be produced in the Vindhya and other mountains where iron abounds. It is a dark sticky unctuous substance resembling bdellium in appearance. It has a bitter taste and a strong smell resembling stale cow's urine. Over platinum foil it burns with a little inflammable smoke and leaves a large quantity of ashes consisting chiefly of lime, magnesia, silica, and iron in a mixed state of proto and peroxide. Vgl. dazu Suçr. II. 83, 1—3, Bhâvapr. I. 1. 258, 22 ff.; 2. 96, 1 ff. Wenn Mat. Med. in der Note zu der eben herausgehobenen Stelle sagt: 'The *çilâjit* or alum earth of Nepal is a different article from the *çilâjatu* of the Sanskrit Materia Medica. The former is an article of Yunâni not Hindu medicine', so liegt hier eine spätere Bedeutungsdifferenzirung vor. In unserem Texte werden noch beide Ausdrücke als Synonyma gebraucht; denn *çilâjatu* wird vorn im Register V. 2 als *çilâjit* aufgeführt. Wie ja auch das letztere in der That nichts anderes ist als eine Verstümmelung des ersten.

[2]) Bhâvapr. I. 1. 258, 24 ff. unterscheidet vier Arten von *çilâjatu*, goldenes, silbernes, kupfernes und eisernes; ausserdem stehen dort noch die Namen *adrijatu*, (s. v. a. *çilâjatu*), *çailaniryâsa* (aus dem Felsen hervordringend), *gaireja* (s. v. a. *girija*), *çailadhâtuja* (aus Fels und Metall entstehend).

[3]) Ebendas. I. 1. 259, 3 ff.; 2. 95, 22, 23; 97, 16 ff. und sonst. Mat. Med. 95 unten, 96 oben. Die vielfach vorgeschriebene Anwendung gegen Harnleiden rechtfertigt die Aufnahme der Lesart *meha* anstatt *moha*, wie die Hds. A, offenbar verführt durch das folgende *unmâda*, hat. Vgl. übrigens auch noch Suçr. I. 52, 21 ff.

gandha (stinkend)[1], *atigandha* (stark riechend), *vaṭa* (Kügelchen)[2], *saugandhika* (wohlriechend),

71. *sugandha* (dass.), *divjagandha* (himmlisch riechend), *gandha* (Geruch, wohl Abkürzung der das Wort *gandha* enthaltenden Zusammensetzungen), *rasagandhaka* (Myrrhe)[3], *kushṭhâri* (Feind des Aussatzes), *krûragandha* (gräulich riechend), *kîṭaghna* (Insecten tödtend).[4])

72. Schwefel schmeckt scharf, ist warm, riecht stark und fängt sehr leicht Feuer; er wirkt als Gegengift und heilt Aussatz, Jucken, Beissen und Hautkrankheiten.[5])

73. Vierfach ist Schwefel der Farbe nach zu unterscheiden als weiss, roth, gelb und schwarz;[6]) an jedem haften besondere Kräfte.

74. Der weisse heilt Aussatz[7]), der rothe wird in Verbindung mit Metallen[8]), der gelbe in Verbindung mit Quecksilber verwendet[9]), der schwarze entspricht den (drei) anderen Farben (d. h. hat ähnliche Eigenschaften wie die übrigen Sorten).[10])

---

[1]) Die gustus sind, wie man sieht, verschieden.

[2]) Wohl wegen der Form, in der Schwefel gefunden wird; Handw. d. r. u. ang. Chemie VII, 418: Gediegener Schwefel findet sich - - Körner, Knollen und Nester bildend.

[3]) Wohl wegen der ähnlichen Farbe.

[4]) Bhâvapr. I. 1. 261, 18, 19 hat noch *gandhika* (s. v. a. *gandhaka*), *bali (vali)*, *valarasâ*.

[5]) Bhâvapr. I. 1. 261, 24 ff.; 2. 104, 5 ff. Mat. Med. 26.

[6]) Bhâvapr. I. 1. 261, 20 ff.

[7]) Wird zu Wundsalben verwendet nach Bhâvapr. a. a. O.

[8]) Unter *loha* ist hier wohl nicht nur Eisen, sondern Metalle im Allgemeinen zu verstehen; denn die verschiedensten werden mit Schwefel zersetzt verordnet: Eisen Mat. Med. 47, 49, 51, 53, 54; Gold 58, 59, 60; Silber 62; Kupfer 63, 64, 65, 66; Zinn 69, 70.

[9]) In combination with mercury it is used in almost all diseases. Mat. Med. 26 und sonst.

[10]) Der Verfasser weiss nichts besonderes über den schwarzen Schwefel zu sagen oder scheut sich ihn, wie Mat. Med. 26, für 'not available' zu erklären und begnügt sich daher mit einer Phrase. Bhâvapr. I. 1. 261, 22 nennt den schwarzen jedoch als den besten.

10. Wachs

75. hat neunzehn Namen: *sikthaka* (leicht schmelzbar, √*sik*), *madhuja* (vom Honig herrührend), *siktha* (s. u. *sikthaka*), *vighasa* (Ueberrest), *madhusambhava* (s. v. a. *madhuja*), *madhûka* (neutr., als masc. Biene), *madhûkkhishṭa* (vom Honig übrig bleibend), *madana* (erfreuend, berauschend)[1]), *makshikâmala* (von den Bienen herrührender Bodensatz),
76. *kshaudreja* (vom Honig herrührend), *pîtarâga* (gelbfarbig), *snigdha* (klebrig), *mâkshikaja* (s. v. a. *madhuja*), *kshaudraja* (dass.), *madhuçesha* (s. v. a. *madhûkkhishṭa*), *drâvaka* (schmelzbar), *makshikâçraja* (von den Bienen stammend), *madhûshita* (im Honig befindlich), *madhûttha* (s. v. a. *madhuja*).[2])
77. Wachs ist klebrig, süss und weich; es beseitigt Aussatz, Wind und Blutungen; mit Senföl in Salbenform präparirt[3]) heilt es aufgesprungene Haut[4]).

11. Grüner und gelblicher Eisenvitriol.[5])

78. Grüner Eisenvitriol hat sieben Namen: *kâsîsa*, *dhâtukâsîsa* (Metall-Vitriol), *kesara* (Haar und Name verschiedener

---

[1]) Geht auf berauschende Getränke, die aus Honigwaben bereitet werden. Çkdr. liest *modana*.

[2]) Bhâvapr. I. 2. 63, 3, 4 hat noch *majana* (falsch für *madana*), *madhvâdhâra* (Honig enthaltend), *madanaka* (s. v. a. *madana*).

[3]) *kaṭusnigdham* des Textes darf nicht in zwei Worte zerlegt werden; denn scharf (*kaṭu*) kann Wachs nicht sein und *snigdha* würde in unnützer Weise das vorangehende synonyme *pikkhala* wieder aufnehmen. Wenn man demnach genöthigt ist *kaṭusnigdha* als einen einheitlichen Begriff zu fassen, so bietet *kaṭusneha* PW., das wohl Senföl bedeuten wird, die Handhabe zur Erklärung: *kaṭusnigdha* muss ein Wachs bezeichnen, das mit einem scharfen Oel zu Salbe verarbeitet ist.

[4]) Bhâvapr. I. 2. 63, 5, 6; das hier stehende *rakta* entspricht dem *asra* unseres Textes. Die Angabe bei Suçr. II. 1. 153, 1, 2 wird wiedergegeben durch Mat. Med. 278: Wax, called *siktha* in Sanskrit, is used in the preparation of ointments and *ghṛtas* for external application.

[5]) Mat. Med. 65: Two sorts of sulphate of iron are mentioned, namely,, *Dhâtukâsis* or green variety and *Pushpakâsis* or yellowish variety. The latter is evidently sulphate of iron, covered with the basic sulphate of the sesquioxide from absorption of oxygen (was für Chemiker verständlich sein wird). Zwei verschiedene Sorten von *kâsîsa* kennt

Pflanzen), *haṁsalomaça* (Gänseflaum habend), *çodhana* (reinigend), *pâṁçukâsîsa* (Staub-Vitriol), *çubhra* (schön).[1])

79. Grüner Eisenvitriol schmeckt zusammenziehend und ist kalt; er wirkt als Gegengift, heilt Aussatz, vertreibt Jucken und Würmer, stärkt die Sehkraft und mehrt die Schönheit.[2])

80. Gelblicher Eisenvitriol heisst: *pushpakâsîsa* (Blüthenvitriol), *vatsaka* (neutr., als masc. Name der Whrigtia antidysenterica), *malîmasa* (schmutzig), *hrasva* (Name einer Gemüsepflanze), *netraushadha* (Augenarzenei), *dhauta* (rein, blank), *viçada* (dass.), *nîlamṛttikâ* (schwarzer Thon).

81. Gelblicher Eisenvitriol schmeckt bitter und ist kalt, er heilt aufgestrichen Augenleiden und verschiedene Hautkrankheiten, wie Krätze, Aussatz u. s. w.[3])

12. Schwefelkies

82. hat fünfzehn (*bâṇabhû*) Namen: *mâkshika* (Honig), *mâkshika* (dass.), *pîtaka* (gelb), *dhâtumâkshika* (mineralischer Honig, d. h. honigfarbiges Mineral), *tâpîja* (an dem Flusse Tâpî vorkommend), *tâpjaka* (dass.), *tâpja* (dass.), *âpîta* (gelblich), *pîtamâkshika* (gelber Schwefelkies),

83. *âvarta*[4]), *madhudhâtu* (Honig-Mineral), *kshaudra* (Honig) und so noch einmal *dhâtu* (d. h. *kshaudradhâtu*, gleich-

---

schon Suçr. I. 140, 13 und unterscheidet dieselben auch sonst dem Namen nach. — Aus dem Synonymon *nîlamṛttikâ* sollte man für die zweite Art eher eine schwarze Farbe voraussetzen (wie auch PW. gethan hat), wenn wir nicht Bhâvapr. I. 1. 265, 19 die directe Angabe hätten, dass *pushpakâsîsa* 'etwas gelb' (*kiṁkitpîta*) wäre.

[1]) Bhâvapr. I. 1. 265, 18.

[2]) Wise, Commentary [2] 123.

[3]) Die Kräfte beider Sorten sind zusammengefasst Bhâvapr. I. 1. 265, 20 ff. Auffallender Weise wird hier Eisenvitriol warm (*ushṇa*) genannt; vgl. die Anm. zu V. 46 und 93.

[4]) Etwa 'auszuschmelzendes Mineral'? Cf. *âvartana*, das nach PW. auch 'das Schmelzen von Metallen' bedeutet.

werthig mit *madhudhâtu*)[1], *mâkshikadhâtu* (dass.), *hemamâkshika* (Gold-Schwefelkies).[2])

84. Schwefelkies schmeckt süss, bitter, sauer und scharf; er wirkt gegen Schleim und vertreibt Schwindel, Herzklopfen, Ohnmachtsanfälle, Asthma, Husten und Vergiftung.[3])

85. Zwei Sorten von Schwefelkies werden aufgeführt, die eine nach Gold benannt (also *hemamâkshika* in V. 83), die andere als *târamâkshika* (Silber-Schwefelkies), nach dem Merkmal der verschiedenen Farbe;[4]) den Kräften nach übertreffen sie je ein wenig (das Metall, nach dem sie benannt sind, d. h. Gold, resp. Silber).[5])

86. Der Name *târamâkshika* ist angezeigt bei dem (Schwefelkies), welcher einen Theil Silber (wörtlich: ein Viertel u. s. w. Silber, d. h. ein Viertel oder auch weniger oder mehr) enthält; *hemamâkshika* dagegen bei dem Gold in sich bergenden. Die letztere Sorte befreit von Krankheiten und verleiht Kraft und Wohlbefinden.

---

[1]) Die Lesart von A, *kshaudradhâtus*, konnte nicht aufgenommen werden, weil dabei die Namen nicht die Zahl 15 ergeben haben würden.

[2]) Bhâvapr. I. 1. 256, 21, 22 hat noch *madhu* (als Synonymon von *mâkshika*); denn es ist offenbar *madhu-mâkshikam* in der Ausgabe zu trennen.

[3]) Ebendas. I. 1. 257, 5 ff., 15 ff. Mat. Med. 56: Iron pyrites - - has a sweetish bitter taste etc.

[4]) Mat. Med. 56: Iron pyrites - - occurs in two forms, namely, in dark yellow nodules with a golden lustre, and in silvery radiated crystals. The former is called *Svarṇamâkshika* and the latter *Târamâkshika*. The ancients supposed that they contained gold and silver respectively, in combination with other ingredients, and possessed in part the properties of those precious metals. Cf. Bhâvapr. I. 1. 256, 23 ff.; 257, 11 ff.

[5]) Bhâvapr. I. 1. 257, 3, 4: 'Nicht allein die Kräfte des Goldes haften am *Svarṇamâkshika*, sondern auch noch andere Kräfte, weil Gold hier mit einem anderen Stoff verbunden ist'; und Zeile 14 steht das entsprechende vom Silber (hier ist zu lesen: *na kevalaṁ rûpjaguṇâ vartante târamâkshike*). Dabei vermissen wir in unserem Text die im Bhâvapr. sich findende Einschränkung, dass im allgemeinen die beiden Sorten Schwefelkies in ihren Wirkungen dem Gold und Silber nachstehen.

18. Fünf zu Salben, speciell zu Collyrien, verarbeitete Stoffe.

a) Schwefelantimon[1])

87. ist mit fünfzehn (*çarabhû*) Namen bestimmt: *añǵana* (Salbe, Collyrium), *jâmuna* (in der Jamunâ sich findend), *kṛshṇa* (schwarz), *nâdeja* (in Flüssen vorkommend), *mekaka* (dunkelfarbig), *srotoǵa* (s. v. a. *nâdeja*), *dṛkprada* (Sehkraft verleihend), *nîla* (schwarz), *sauvîra* (im Lande der S$^{u}_{au}$vîra heimisch), *suvîraǵa* (dass.),

88. Ferner[2]) *nîlâñǵana* (schwarzes Collyrium), *kakshushja* (den

---

[1]) In der Identificirung dieses Stoffes bin ich einmal von Mat. Med. abgewichen, deren sonst wohl orientirter Verfasser in diesem Falle anscheinend nicht gut unterrichtet ist. Er sagt S. 73, 74: Galena or sulphide of lead is called *añǵana* or *sauvîrâñǵana* in Sanskrit, and *kṛshṇa surmá* in Vernacular. It is called *añǵana*, which literally means collyrium or medicine for the eyes, from the circumstance of its being considered the best application or cosmetic for them. - - *Sauvîrâñǵana* is said to be obtained from the mountains of Sauvira, a country along the Indus, whence it derives its name. The article supplied under its vernacular name *surmá* is the sulphide of lead ore. *Surmá* is usually translated as sulphide of antimony, but I have not been able to obtain a single specimen of the antimonial ore from the shops of Calcutta and of some other towns (cf. auch Shakespear s. v.). — Das PW. übersetzt die Namen unseres Stoffes durch 'schwarzes Schwefelantimon', und auch Wise, Commentary[2] 122 nennt das *sauvîra* 'sulphurate of antimony', — eine Auffassung, vor der Udoy Chand Dutt sich deshalb gescheut zu haben scheint, weil er diesen Stoff nicht in den Läden bekommen konnte. Möglich aber auch ist es, dass der Name später auf schwefelsaures Bleioxyd übertragen ist; denn schon Bhâvapr. I. 1. 264, 10, 13 nennt das *sauvîram añǵanam* weiss und kann deshalb das farblose Bleivitriol meinen. In unserem Texte jedoch weist die durch eine Reihe von Namen ausgesprochene schwarze Farbe auf Schwefelantimon und der in V. 98—100 behandelte Stoff ist das reine aus Schwefelantimon und Antimonerzen gewonnene Antimon. Vgl. Handwörtb. d. r. u. ang. Chemie I. 436, 437: Das Antimonsulfür ist eisengrau; das natürliche grauschwarz, von metallischem Glanz, leicht pulverisirbar. - - Das im Handel vorkommende Antimonsulfür unterscheidet sich in seinen äusseren Eigenschaften nur wenig von dem reinen, es giebt aber gewöhnlich kein rothschwarzes, sondern ein schwarzes Pulver.

[2]) Ueber diesen Gebrauch von *sa*, der fast dem einer anreihenden Conjunction gleichkommt, vgl. PW. VII. 452 oben.

Augen heilsam), *vârisaṁbhava* (aus dem Wasser kommend), *kapotaka* (taubenfarbig, grau), *kâpota* (dass.).[1])

89. Schwefelantimon wird als kalt bezeichnet, als scharf, bitter und zusammenziehend schmeckend; es thut den Augen wohl, wirkt gegen Schleim und Wind, ist ein Gegengift und Elixir.[2])

b) Das aus den Früchten der Dolichos uniflorus hergestellte Präparat[3])

90. heisst *kulatthâ, dṛkprasâdâ* (der Sehkraft heilsam), *Kakshushjâ* (dass.), *kulatthikâ* (s. v. a. *kulatthâ*), *kulâlî* (dass.),

---

[1]) Bhâvapr. I. 1. 264, 9. Madanapâla in Mat. Med. 74 Anm. hat *kâlanila* für unser *nila*; oder sollte *kâla-nilaṁ* in zwei Namen zu zerlegen sein?

[2]) Suçr. I. 141, 1, 2. Bhâvapr. I. 1. 264, 17 werden dem Schwefelantimon alle Eigenschaften des reinen Antimons (*sroto'ñǵana*) zugeschrieben (über welches bei uns V. 98—100 zu vergleichen ist), nur in geringerem Maassstabe. Cf. Mat. Med. 74 unten und das Citat aus Madanapâla.

[3]) Mat. Med. 149, 150: *kulatthâ*, Dolichos uniflorus, is used medicinally chiefly as an external application in the shape of poultices and pastes. Its soup is said to be useful in gravel and urinary disorders. — Dem Worte *kulatthâ* und seinen Synonymen auch die Bedeutung eines mineralischen Stoffes zu geben ist ein Gedanke, der vom Çkdr. aus in das PW. übergegangen ist, — erklärlich dadurch, dass *kulatthâ* im Râǵan., nachdem früher unter den Pflanzen von ihr gehandelt ist, zum zweiten Mal unter den Mineralien genannt wird. Das letzte ist jedoch (ebenso im AK.) nur geschehen, um an einer Stelle zusammen die sämmtlichen als Collyrien verwertheten Stoffe zu bieten, und aus diesem Grunde ist auch V. 101, 102 ein anderes vegetabilisches Präparat hierher gerechnet. Ein mineralischer Stoff *kulatthâ* existirt weder im Bhâvapr. noch in der Mat. Med. und es wird sich schwerlich für einen solchen eine sichere Autorität beibringen lassen. *Kulatthâ* einzig und allein für die Hülsenfrucht Dolichos uniflorus zu erklären bestimmte mich die Stelle in unsrem Wörterbuch Râǵan. 5. 66, 67 (Zählung von A; 69, 70 nach B und C), wo die Pflanze dieselben Namen trägt wie hier und wo ihr auch ganz ähnliche Eigenschaften zugeschrieben werden:

kulatthâ dṛkprasâdâ Ka ǵñejâ 'ranjakulatthikâ |
kulâlî lokanahitâ Kakshushjâ kumbhakârikâ |
kulatthikâ katus tiktâ ǵjâd arçaḥ-çûla-nâçinî ,
vibandhâ-'dhmâna-çamanî Kakshushjâ vraṇaropaṇî ,

lokanahitâ (den Augen wohlthätig), *kumbhakârî* (Töpferfrau)[1]), *pralâpaghnâ* (des Irreredenden Phantasiren vertreibend).

91. Dieses Präparat stärkt die Sehkraft, schmeckt zusammenziehend und scharf, ist kalt, wirkt als Gegengift, heilt Blasen, Jucken, Wunden und andere Schäden.

c) Aus Messingasche verfertigte Salbe[2])

92. heisst *pushpâñjana* (Blüthensalbe); *pushpaketu* (Blüthenglanz), *kausuma* (blüthengleich), *kusumâñjana* (s. v. a. *pushpâñjana*), *rîtika* (vom Messing herrührend), *rîtikusuma* Messingblüthe), *rîtipushpa* (dass.), *paushpaka* (s. v. a. *kausuma*).[3])

93. Diese Salbe wird als kalt bezeichnet; sie wirkt gegen Galle, Schlucken, Hitze, Vergiftung, Husten und heilt alle Augenkrankheiten.[4])

---

[1]) *kulâlî* heisst 1) Dolichos uniflorus, 2) Töpferfrau; daher ist auch das gewöhnliche Wort für Töpferfrau zum Synonymon für unsere Hulsenfrucht geworden.

[2]) Zur Identificirung dieser Salbe wird uns die Handhabe geboten durch die Bezeichnungen *rîtika*, *rîtikusuma*, *rîtipushpa*, nach denen es keinem Zweifel unterliegen kann, dass der wesentlichste Bestandtheil der Masse Messing ist. Wenn wir nun für das nächstfolgende *añjana* in V. 97 unseres Textes die directe Angabe haben, dass dasselbe aus den Secretionen beim Schmelzen des Messings besteht, so bleibt kaum eine andere Möglichkeit als das vorliegende *añjana* für ein aus der Messingasche selbst bereitetes Collyrium zu erklären, wie schon das PW. gethan hat. Die Salbe muss schon seit Jahrhunderten aus dem Gebrauch verschwunden sein; denn schon das Bhâvapr. kennt sie nicht mehr und Udoy Chand Dutt bekennt Mat. Med. 74 seine volle Rathlosigkeit mit den Worten: *Pushpâñjana* is described as an alkaline substance. I have not met with any vernacular translation of this word, nor with any person who could identify or supply the drug. Wilson, in his Sanskrit-English Dictionary, translates the term as calx of brass, but I know not on what authority.

[3]) Madanapâla in Mat. Med. 74 Anm. hat *rîtija* anstatt unseres *rîtika*.

[4]) Zu den Namen und Kräften vgl. Madanapâla a. a. O.; dort gilt die Salbe als warm. (Vgl. die Anm. zu V. 46 und 81.)

d) Aus Messingschlacke zubereitete Salbe[1])

94. hat zwölf Namen: *rasâñgana* (metallische Salbe), *rasodbhûta* (aus Metall entstanden), *rasagarbha* (dass.), *rasâgraga* (der erstgeborene des Metalls), *kṛtaka* (künstlich bereitet), *bâlabhaishagja* (Heilmittel für Kinder), *dârvikvâthodbhava* (durch Abkochen der Curcuma gewonnen, cf. V. 97)[2]),

95. *rasagâta* (s. v. a. *rasodbhûta*), *târkshjaçaila* (Târkshja-Stein), *varjâñgana* (treffliche Salbe), *rasanâbha* (s. v. a. *rasodbhûta*), *agnisâra* (feuerfest).

96. Das Präparat ist kalt und schmeckt bitter, süss und scharf; es thut den Augen wohl, vertreibt Blutungen und wirkt gegen Galle, Frost, Erbrechen, Schlucken und Durchfall.[3])

---

[1]) Hier sind wir einmal durch die Beschreibung in V. 97 in die glückliche Lage versetzt das *rasâñgana* mit Sicherheit als ein Präparat aus Messingschlacke erklären und constatiren zu können, dass der Name auf ein Decoct der Curcuma-Wurzel, dem man die gleichen Kräfte zuschrieb, übertragen wurde. So dürfen wir die Angabe Mat. Med. 107 Anm., dass die modernen Aerzte Bengalens unter *rasâñgana* sulphide of lead ore verstehen, für die Identificirung dieses Stoffes auf sich beruhen lassen. Es liefert aber das Wort ein interessantes Beispiel dafür, dass im Laufe der Zeit die verschiedensten Gegenstände mit demselben Ausdruck bezeichnet wurden, und somit gewinnt die Möglichkeit, welche ich in der Anm. 1 auf S. 54 hinsichtlich des Schwefelantimons und Uebertragung seines Namens andeutete, an Wahrscheinlichkeit. *Rasâñgana* ist nach dem Amarakosha 2. 9. 101 (ed. Calcutta 1807), dem das PW. gefolgt ist, *dârvikâkvâthodbhavaṁ tutthaṁ* 'unter Zusatz von Curcuma präparirtes Kupfervitriol', bald darauf zur Zeit des RAganighaṇṭu 'Messingschlacke' und heut zu Tage 'schwefelsaures Bleioxyd'. Man darf offenbar die heutigen Aerzte in Indien eben so wenig als sichere Führer betrachten, wie die Commentatoren der Veden. Cf. Wise, Commentary[2] V: The expense of drugs was also considerable, and the difficulty of procuring them genuine became greater, as they were less sought after and appreciated, which lead to the introduction of inferior substitutes.

[2]) Mat. Med. 107 versteht jedoch unter *dârvi* die Berberis Asiatica.

[3]) Cf. Mat. Med. 107: Indian barberry and its extract *rasot* are regarded as alterative and deobstruent, and are used in - - diarrhoea, - and above all, in affections of the eyes; und besonders das Citat aus Kakradatta in der Anm.

97. Die beim Schmelzen des Messings aus demselben ausscheidende Substanz bildet das *rasâñǵana*; wenn Messing nicht zur Hand ist, gewinnt man (ein Surrogat) durch Abkochen der Curcuma.

o) Reines Antimon [1])

98. ist mit sieben *(nmmi)* Namen bestimmt: *sroto'ñǵana* (aus Flüssen stammendes *añǵana*, s. V. 87), *vâribhava* (aus dem Wasser kommend), *srotodbhava* (aus Flüssen stammend), *srotanadîbhava* (dass.), *sauvîrasâra* (das beste aus dem Schwefelantimon), *kapotasâra* (dass.), *valmîkaçîrsha* (von der Form der Spitze eines Ameisenhaufens,[2]) cf. V. 100).[3])

99. Antimon ist kalt und schmeckt scharf und zusammenziehend; es vertreibt Würmer und ist ein vortreffliches Elixir, welches — in einer Mixtur[4]) zu verwenden — die Brüste schwellen macht.[5])

---

[1]) Dass es sich hier um nichts anderes handeln kann, lehren die Benennungen *sauvîrasâra* und *kapotasâra*; im übrigen genügt es, auf die Anm. 1 S. 54 zu verweisen. Mat. Med. 74 weiss über *sroto'ñǵana* ebenso wenig wie früher über *sauvîrâñǵana* etwas bestimmtes zu sagen und drückt sich deshalb vorsichtig aus: *Srotoñǵana* is described as of white colour, and is said to be produced in the bed of the Jamunâ and other rivers. It is called *saffed surmâ* (fehlt übrigens bei Shakespear; *safed* ist nach ihm 'white oxide of arsenic') in the vernacular, and the article supplied under this name by Hindustani medicine vendors is calcareous or Iceland spar. It is used as a collyrium for the eyes, but is considered inferior to the black *surmâ* or galena. Diese Angaben sind — noch abgesehen von der irrigen Identificirung — unrichtig: nach Bhâvapr. I. 1. 264, 10 ist *sroto'ñǵana* schwarz (und *sauvîrâñǵana* weiss); nach Zeile 17 *sroto'ñǵana* das vorzüglichere. Mat. Med. scheint an dieser Stelle die beiden Namen oder Stoffe zu verwechseln.

[2]) Von fachmännischer Seite habe ich über den Sinn dieser Bezeichnung keine Aufklärung bekommen können.

[3]) Madanapâla in der Anm. zu Mat. Med. 74 hat *srotoǵa* und *jâmuna* als Namen für Antimon, während sie in unserem Text Schwefelantimon bezeichnen; ausserdem noch *nadîǵa*.

[4]) Wegen *rase* vgl. Anm. zu V. 80.

[5]) Bhâvapr. I. 1. 264, 14 ff. — Ein solches Mittel, wie es hier *stanavṛddhikara* genannt wird, heisst sonst *stanjakara*, *stanjavardhana* (Suçr., s. PW. s. v. *stanja*) und *stanjaǵanana* (Mat. Med. 3).

100. Als das geschätzteste Antimon wird dasjenige genannt, welches der Form nach der Spitze eines Ameisenhaufens gleicht, im Bruche wie Schwefelantimon glänzt und beim Reiben die Farbe des Röthels (des Ockers) zeigt.[1])

14. Das rothe Pulver auf den Kapseln der Rottleria tinctoria[2])

101. heisst *kampillaka*, *raktâṅga* (einen rothen Stoff bildend), *rekin* (abführend), *rekanaka* (dass.), *rañǵaka* (färbend), *lohitâṅga* (s. v. a. *raktâṅga*), *kampilla*, *raktakûrṇaka* (rother Staub).[3])

102. Der Stoff führt ab, schmeckt scharf, ist warm, heilt Wunden, beseitigt Schleim und Husten und ist ein leichtes, kleinere Würmer abtreibendes Mittel.[4])

15. Zwei Arten Kupfervitriol.

103. (Die erste) hat zehn Namen: *tuttha* (neutr., als fem. die Indigopflanze), *nîlâçmaǵa* (sapphirartig), *nîla* (blau), *haritâçma* (grünliches Mineral), *tutthaka* (= *tuttha*), *majûragrîvaka* (von der Farbe des Pfauenhalses), *tâmragarbha* (Kupfer enthaltend), *amṛtodbhava* (aus Nektar entstanden), *majûratuttha* (pfauenfarbiger Vitriol), *çikhikaṇṭha* (s. v. a. *majûragrîvaka*).[5])

104. Dieser Kupfervitriol schmeckt scharf und zusammenziehend und ist warm; er heilt weissen Aussatz und Augenkrank-

---

[1]) Fast identisch Bhâvapr. I. 1. 264, 11, 12. — Einen rothen Strich geben verschiedene Antimonzusammensetzungen; s. z. B. Handwörterb. d. r. u. ang. Chemie, I. 427.

[2]) Mat. Med. 232: *Kampilla* is the read mealy powder covering the capsules of Mallotus Philippensis (= Rottleria tinctoria). It is described as cathartic and anthelmintic and is chiefly used to expel intestinal worms. - - It enters into the composition of numerous compound prescriptions for worms.

[3]) Bhâvapr. I. 1. 172, 14 hat *kampilla*, *rokana* fehlerhaft für unser *rekana* und ausserdem noch *karkaça* und *kandra*.

[4]) Bhâvapr. I. 1. 172, 15, 16 und das Mat. Med. 232 Anm. 4 angeführte Citat aus Bhâvapr., welches ich nicht verificiren konnte.

[5]) Bhâvapr. I. 1. 257, 20, 21 hat noch *vitunnaka* und *çikhigrîva* (s. v. a. unser *çikhikaṇṭha*). Aus unserem Register V. 8 kommt *tuttharasaka* dazu.

heiten und wird bei allen durch Gifte hervorgerufenen Leiden als Erbrechen verursachendes Heilmittel gerühmt.[1])

105\. Die zweite Art[2]) führt sechs Namen: *kharparituttha* (Kharpari-Kupfervitriol), *kharparirasaka* (desgl. Metall), *kakshushja* (den Augen heilsam), *amṛtotpanna* (aus Nektar entstanden), (auch einfach) *tuttha* und *kharparikâ*.

106\. Diese Art schmeckt scharf und bitter; sie ist den Augen wohlthuend und alterativ, heilt Hautkrankheiten, wirkt appetitreizend[3]) und vermehrt Kraft und Wohlsein.[4])

16. Quecksilber

107\. hat dreiunddreissig Namen: *pârada*[5]), *rasarâja* (König der Metalle), *rasanâtha* (dass.), *mahârasa* (edles Metall),

---

[1]) Bhâvapr. I. 1. 257, 22 ff.; 2. 94, 24 ff. Dem *kushṭha* des Bhâvapr. entspricht *Kûra* unseres Textes. Cf. Mat. Med. 67 oben und 68 unten.

[2]) Noch Bhâvapr. I. 1. 265, 16 nennt *kharpari* als eine Species des *tuttha*; aber Mat. Med. 71 stellt den Stoff dem Zink nahe; aus der längeren, zu keinem sicheren Ergebniss führenden Notiz über *kharpara* ist folgendes das wichtigste: *Kharpara*, as sold by Hindustani medicine vendors, occurs in greyish or greyish black porous earthy masses composed of agglutinated granules. On chemical analysis it was found to consist of carbonate and silicate of zinc with traces of other metals as iron, baryta etc. *Kharpara* is described as tonic and alterative and useful in skin diseases, fevers etc. It is also much used as collyrium in eye diseases.

[3]) *dîpja* ist nicht 'die Verdauung befördernd' (PW.), sondern = *dîpana* 'appetitmachend ohne die Verdauung zu fördern'; s. Anm. 5 zu V. 33.

[4]) Bhâvapr. I. 1. 258, 1; 265, 17; 2. 95, 2 werden dem *kharpara* die gleichen Kräfte wie dem *tuttha* zugeschrieben.

[5]) Die Volksetymologie von *pârada* in V. 113, welche kaum höher als die im Bhâvapr. I. 1. 259, 14, 15 von *rasa* gebotene steht, ist noch von Udoy Chand Dutt ernsthaft genommen, der Mat. Med. 27 sagt: *Pârada* literally means that which protects, and mercury is so called because it protects mankind from all sorts of diseases. Da die Inder das Quecksilber erst spät (im 13. Jahrhundert) bekommen haben, so wird *pârada* jedenfalls ein Fremdwort sein und da liegt nichts näher als das neupersische Wort für Quecksilber *parrandah* oder *parandah*, eigentlich 'fliegend, flüchtig', part. praes. von *parridan*, *paridan* 'fliegen'. *pârada* ist hindust. *pârâ* und von da aus wieder in den neupersischen Wortschatz als *pârah* zurückgegangen.

rasa (Metall κατ' ἐξοχήν), *mahâtejas* (sehr glänzend), *rasaloha* (pleonastische Bildung, s. v. a. *rasa*), *rasottama* (das beste Metall),

108. *sûtarâġ* (vorzüglichstes *sûta*, s. V. 110), *kapala* (beweglich), *ġaitra* (mächtig, wirksam), *çivabîġa* (Çiva's Same)[1]), *çiva* (wohlthuend; aber wohl Verkürzung des vorigen), *amṛta* (Nektar), *rasendra* (s. v. a. *rasarâġa*), *lokeça* (Weltherrscher), *durdhara* (schwer zu halten), *prabhu* (wirksam),

109. *rudraġa* (von Rudra kommend, d. i. Çiva's Same), *harateġas* (Hara's, d. i. Çiva's, Same), *rasadhâtu* (pleonastisch, s. v. a. *rasa*), *akintjaġa* (von dem Unergründlichen kommend, wohl auch s. v. a. Çiva's Same), *khekara* (sublimirt)[2]), *amara* (Gott, wie nachher *deva*), *dehada* (Körper, d. h. wohl Leben, gebend), *mṛtjunâçaka* (den Tod vernichtend),

110. *skanda* (verschüttet werdend), *skandâṁçaka* (wovon Bestandtheile verschüttet werden)[3]), *sûta*, *deva* (Gott), *divjarasa* (himmlisches Metall), *rasâjanaçreshṭha* (das beste Elixir), *jaçodhâ* (Schönheit verleihend).[4])

111. Quecksilber vertreibt alle Krankheiten, hat die sechs Geschmäcke und ist ein Auflösungsmittel (menstruum) für sämmtliche Arzneistoffe; es besteht — heisst es — aus den fünf Elementen (Erde, Wasser, Feuer, Luft, Aether) und verleiht sowohl dem menschlichen Körper wie Metallen die vorzüglichsten Eigenschaften.[5])

112. Das Quecksilber, mit welchem der Process *mûrkhana* vor-

---

[1]) Cf. V. 118 und Bhâvapr. I. 1. 259, 17 ff., wo die Geschichte von Çiva's Samen ganz legendenhaft wird.

[2]) S. Anm. 2 zu V. 112.

[3]) Die beiden Ausdrücke beziehen sich möglicher Weise auch noch auf Çiva's Samen.

[4]) Bhâvapr. I. 1. 259, 24 ff. hat noch *çiravîrja* (s. v. a. *çirabîġa*).

[5]) Der Vers steht mit einigen Entstellungen auch Bhâvapr. I. 2. 103, 5, 6; wegen des Inhalts sind auch die beiden vorangehenden und der folgende Vers zu vergleichen, ausserdem noch I. 1. 260, 2 ff.; 2. 103, 1 ff. und Mat. Med. 31 unten.

genommen ist,[1]) vertreibt Krankheiten; dasjenige, welches mit anderen Stoffen zersetzt (*baddha*) aus diesen heraus sublimirt ist (*khekara*),[2]) verschafft übernatürliche Kräfte (*siddhi*); das schwarze Präparat von Quecksilber und Schwefel (*nîla*)[3]) verleiht alle Kräfte; das getödtete Quecksilber (*niruddha*)[4]) giebt Körperkraft.

113. Weil Quecksilber selbst bei der Gefahr des Sterbens in Folge verschiedenartiger Krankheit oder Noth und bei der Gefahr der Altersschwäche den Menschen Rettung (*pâra*) gewährt (*dâ*), deshalb wird es hier *pârada* genannt.

---

[1]) Dieser Process, bei dem es ohne Erhitzung abgeht, der also wesentlich verschieden von *mâraṇa* ist, wird erörtert Bhâvapr. I. 2. 99, 5 ff. Es ist offenbar derselbe, den Wise, Commentary [2] 118, 119 beschreibt, wenn auch dort einige andere Zusatzstoffe auftreten: To purify mercury so as to render it fit for being used as medicine, take of turmerick, brick-dust, suet, the juice of lemons (or congee, if limes are not procurable), and the wool of sheep, of each one chaṭâk, and mix it with one ser of quicksilver. The mixture is to be well rubbed in a mortar, for one day, and wash the product carefully with water. — Wichtig für das Verständniss unseres Verses ist ferner Bhâvapr. I. 1. 260, 7 (namentlich wegen der daneben stehenden Termini): *mûrkhito harati ruǵam.*

[2]) Die wichtigsten Parallelstellen für diesen Theil des Verses sind Bhâvapr. I. 2. 260, 7: *bandhanam anubhûja khegatiṁ kurute* und I. 2. 103, 4: *khekaraḥ siddhidaḥ paraḥ; baddha* in dem oben angegebenen Sinne steht noch Bhâvapr. I. 1. 260, 5 und *baddhvâ* I. 2. 98, 13. Der durch *khegatiṁ kar* ausgedrückte Process ist das *ûrdhvapâtana* 'Sublimiren', Bhâvapr. I. 2. 99, 12 ff., wofür wir schon in V. 56 unseres Textes ein Synonymon *ǵâraṇa* fanden.

[3]) Wise Commentary [2] 119: The black kind is formed by dissolving equal parts of sulphur and quicksilver over the fire, when the residue will assume this colour which is the most common form in which mercury is used in practice. Mat. Med. 29: The black preparation is the black sulphide of mercury, made by rubbing together and dissolving over the fire three parts of mercury with one of sulphur.

[4]) Den Terminus *niruddha* habe ich freilich weder im Bhâvapr. noch sonst irgendwo vorgefunden, glaube aber, dass damit kein anderer Vorgang als das *mâraṇa* 'das Tödten des Quecksilbers' — wie man noch heut zu Tage sagt (Handwörterbuch d. r. u. ang. Chemie VI. 748) — gemeint sein kann, schon weil das Fehlen eines Bhâvapr. I. 2. 100, 12 so eingehend in vier verschiedenen Formen beschriebenen Processes auf-

17. Talk

114. hat zwölf (*ravajaḥ*) Namen: *abhraka* (vom folgenden abgeleitet), *abhra* (Wolke, Luftraum), *bhṛiṅga* (eine schwarze Bienenart)[1]), *vjoman* (Luftraum), *ambara* (dass.), *antariksha* (dass.), *âkâça* (dass.), *bahupattra* (vielblättrig), *kha* (Luftraum), *ananta* (dass.), *gaurija* (von der Gauri stammend)[2]), *gaurîģeja* (dass.).

115. Die vier Arten von Talk, der weisse, gelbe, rothe und schwarze,[3]) finden je besonders ihre richtige Verwendung: der weisse wird statt Silber, der gelbe und rothe statt Gold (d. h. zum Ausschmücken, auch statt Silber- und Goldsand zum Bestreuen von frisch geschriebenem) gebraucht[4]), der schwarze aber ist gegen Krankheiten anzuwenden und ist der allervortrefflichste, reich an Vorzügen.[5])

---

fällig wäre. Auch die Bedeutung von *ni-rudh* 'einschliessen, verschwinden machen' liegt dem *mûrajati* sehr nahe; und so wird denn *niruddha* dasselbe sein wie *adhaḥsthaṁ mṛtaṁ sûtam* Bhârapr. I. 2. 100, 23.

Weitere chemische Processe mit Quecksilber, *svedana, adhaḥpâtana* u. s. w., finden sich im Bhâvapr. und viele Präparate mit anderen Stoffen in dem langen Artikel Mat. Med. 27 ff. — Bücher, wie Rasendrakintâmaṇi, Rasaratnâkara und andere, die das Quecksilber eingehend behandeln, waren mir nicht zugänglich.

[1]) Wohl wegen der Farbe des schwarzen, in der Medicin verwendeten, Talks.

[2]) S. die Legende V. 118. Eine andere Legende Bhâvapr. I. 1. 262, 6 sucht es zu deuten, wie die Namen für Wolke und Luftraum zu Bezeichnungen des Talks wurden; aus dieser Stelle gewinnen wir auch noch den Namen *gagana*.

[3]) Bhâvapr. I. 1. 262, 13. Mat. Med. 76.

[4]) Diese Erklärung ergiebt sich aus Ainslie, Materia Indica I. 421, wo es von einer Art Talk oder Mica heisst: Its beautiful translucent flakes ar used by the native Indians for ornamenting many of the baubles employed in their ceremonies. - - The white and yellow micas, in powder, are used for sanding writing while whet, by the names of gold and silver sand. Für unseren Text ist zu vgl. Bhâvapr. I. 1. 262, 14, 15: *praçasjate sitaṁ târe* (so ist natürlich anstatt *târaṁ* zu lesen), *raktaṁ tat tu rasâjane, pitaṁ hemani*.

[5]) Bhâvapr. I. 1. 262, 15: *kṛshṇaṁ tu gadeshu drutaje 'pi ka* 'der schwarze aber wird bei Krankheiten gebraucht und muss geschmolzen werden'. Dazu vgl. Mat. Med. 76, 77: The black variety called *vagrâ-*

116. Schwarzer Talk zerfällt wieder in vier Unterarten: *dardura* (Frosch), *nâga* (Schlange), *pinâka* (Çiva's Bogen), *vaģra* (Donnerkeil und Diamant).[1]) Auf welche Weise diese zu erkennen sind, wird (jetzt) der Reihe nach gelehrt.

117. Wenn (schwarzer Talk) ins Feuer gelegt wird und einen dumpfen (*nilarâm*) Ton, wie Froschquaken, von sich giebt, so ist er *dardura; nâga* zischt (wie eine Schlange); *pinâka* klingt wie Bogenschwirren; *vaģra* bleibt unverändert.[2]) Der Reihe nach wird man durch den Genuss dieser Sorten unterleibsleidend (also durch *dardura*), mit wunden Stellen behaftet (durch *nâga*), von einer ekligen Krankheit heimgesucht (durch *pinâka*), aber gesund (durch *vaģra*).[3])

118. Als Çiva und seine Gattin (*çivau*) gegen einander in Liebe entbrannten, da entstanden in ihrem Innern geheimnissvoll Talk und Quecksilber.[4])

18. Alaun

119. ist mit acht (*vasu*) Namen bestimmt: *sphaṭî, sphâṭakî, çvetâ* (weiss), *çubhrâ* (schön), *rañgadâ* (Farbe gebend, s. v. a. festigend)[5]), *rañgadṛḍhâ* (dass.), *dṛḍharañgâ* (dass.), *rañgâñga* (einen Bestandtheil der Farbe bildend).[6])

---

bhra is used in medicine. - - It is prepared for medicinal use by being mixed with cow's urine and exposed to a high degree of heat within a closed crucible, repeatedly for a hundred times. Vgl. auch Wise, Commentary[2] 124.

[1]) Bhâvapr. I. 1. 262, 16.

[2]) Dem Inhalte nach völlig übereinstimmend mit Bhâvapr. I. 1. 262, 17 ff. Wegen *vaģra* vgl. noch die Legende Zeile 6 ff.

[3]) Also nur *vaģra* hat wohlthuende, die drei anderen Sorten dagegen schädliche Eigenschaften. Ebenso Bhâvapr. a. a. O., wonach *pinâka* Aussatz (unser *kuṭsilagada*), *dardura* den Tod und *nâga* Fisteln in der Schamgegend und den naheliegenden Körpertheilen herbeiführt. Ueber die Heilkräfte des *vaģra* vgl. noch Bhâvapr. I. 1. 263, 3 ff.; 2. 101, 5 ff.

[4]) Quecksilber lernten wir schon V. 108 ff. als Çiva's Samen kennen.

[5]) Alaun ist ein Beizmittel, um Farbstoffe auf Geweben haften zu machen.

[6]) Bhâvapr. I. 1. 264, 21, 22 hat *sphaṭikâ* für unser *sphâṭakî* und *dṛḍhârañgâ* neben *dṛḍhârañgâ*.

120. Alaun schmeckt scharf, klebrig und zusammenziehend; er heilt Mutterblutfluss, bewirkt Urinlassen, mindert (aber andererseits) krankhaften Harnfluss, vertreibt Schwindsucht und die Krankheitsstoffe.[1]) (Bei der Färberei verwendet) bewirkt er, dass die Farbe festhaftet.

19. Schneckenhaus[2])

121. heisst *kshullaka* (klein), *kshudraçaṅkha* (kleine Muschel), *çambûka* (Muschel), *nakhaçaṅkhaka* (Nagelmuschelchen)[3]). Der Schneckenhaus-Kalk schmeckt scharf und bitter; er heilt Cholik und reizt den Appetit.

20. Seemuschel

122. ist sechzehnfach benannt: *çaṅkha*, *arṇavabhava* (aus dem Meere stammend), *kambu* (masc.), *ģalaģa* (aus dem Wasser stammend), *pâvanadhvani* (bei heiligen Handlungen erschallend), *kuṭila* (gewunden), *antarmahânâda* (innen laut tönend)[4]), *kambu* (neutr.), *pûta* (rein), *sunâdaka* (schön tönend),

123. *mukhara* (geschwätzig, tönend), *dîrghanâda* (weithin tönend), *bahunâda* (vieltönend), *haripriya* (dem Hari, Çiva, lieb), *dhavala* (glänzend weiss), *maṅgalasvara* (glückverheissend schallend).

124. Der Seemuschel-Kalk hat einen scharfen Geschmack und ist kalt; er schafft Wohlsein, Kraft und Stärke, heilt Leibesanschwellungen, Cholik und Asthma, wirkt als Gegengift und vertreibt die Krankheitsstoffe.

---

[1]) Bhâvapr. I. 1. 264, 23, 24.

[2]) Ueber die Paragraphen 19—23 (V. 121—131) vgl. Mat. Med. 82: Then we have lime from calcined cowries, conch-shells, bivalve-shells and snail-shells, called respectively, *Kapardaka bhasma*, *Sankha bhasma*, *Sukti bhasma*, and *Sambuka bhasma*. These shells are purified by being soaked in lemon juice, and are prepared for use by being calcined within covered crucibles. Lime is used internally in dyspepsia, enlarged spleen and other enlargements in the abdomen, and externally as a caustic. Suçr. I. 206, 1, 2. Bhâvapr. I. 2. 107, 11.

[3]) Offenbar gleich *çaṅkhanakha* bei Suçr.

[4]) Wenn man sie an's Ohr hält

125. Das in der Muschel lebende Thier heisst *kṛmiçaṅkha*, *kṛmiǵalaǵa*, *kṛmivâriruha* und *ǵantukambu*.[1]) Von den Kennern ist dasselbe dem Muschelkalk gleich erklärt an Geschmack, Kräften und in anderen Hinsichten.

21. Cypraea moneta

126. heisst *kapardaka*, *varâṭa*, *kaparda*, *varâṭikâ*, *karâkara*, (von Hand zu Hand gehend, als Geld), *kara* (dass.), *varja* (begehrenswerth), *bâlakrîḍanaka* (Kinderspielzeug).

127. Der Kalk der Cypraea moneta schmeckt scharf und bitter und ist warm; er heilt Ohrenstiche, Wunden, Leibesanschwellungen, Cholik, schlechte Verdauung und Augenleiden.

22. Perlenmuschel

128. wird mit neun Namen *(aṅkadhâ)* bezeichnet: *çukti* (auch einfach 'Muschel'), *muktâprasû* (Perlen hervorbringend), *mahâçukti* (edle Muschel), *çuktikâ* (= *çukti*), *muktâsphoṭa* (wegen der Perle geöffnet), *srautika* (aus Flüssen stammend), *mauktikaprasavâ* (s. v. a. *muktâprasû*), *mauktikaçukti* (Perlenmuschel), *muktâmâtar* (Perlmutter).

129. Entweder schmeckt der Kalk der Perlenmuschel scharf und klebrig;[2]) dann heilt er Husten und Asthma. Oder er schmeckt angenehm und süss;[3]) dann heilt er Cholik und ist ein vortreffliches Mittel zum Appetitmachen.

---

[1]) Böhtlingk giebt im Wörterb. in kürz. Fass. für die drei ersten Synonyma die Bedeutung, die ich hier adoptirte; dagegen für *ǵantukambu* 'eine Muschel mit dem lebenden Thiere'. Diese letztere Fassung läge zwar etymologisch näher, wird aber durch den Zusammenhang verboten (cf. *tatsattram* V. 56). Es liegt eine Umstellung der beiden Glieder im Tatpurusha-Compositum vor, worüber zu vergleichen ist Pâṇ. 2. 2. 31, 38, der Gaṇa *râǵadantâdi*, Bollensen, Vikramorvaçi S. 164 und schliesslich der Name unseres Wörterbuchs Râǵanighaṇṭu.

[2]) Hier scheint *kaṭusnigdha* nicht in demselben Sinne gebraucht zu sein, wie V. 77, da auch jeder andere Muschelkalk als scharf schmeckend bezeichnet wird; *snigdha* wird freilich, wie dort, wohl auf ein Präparat mit Oel deuten.

[3]) Etwa, wenn er in Limonensaft aufgelöst ist: cf. Mat. Med. in der Anm. 2 auf S. 65. Der Perlenmuschel-Kalk ist übrigens schon mehrfach bei Suçruta verordnet.

23. Zweischalige Süsswassermuschel

130. heisst *galaçukti* (Wassermuschel), *vâriçukti* (dass.), *krmisû* (ein Thier hervorbringend), *kshudraçuktikâ* (kleine Muschel), *çambûkâ* (Muschel), *añgaliçukti* (Muschel in der Form zweier hohl an einander gelegten Hände), *puṭikâ* (eine Tüte bildend), *tojaçuktikâ* (s. v. a. *galaçukti*).

131. Der Kalk der zweischaligen Muschel schmeckt scharf und klebrig [1]); er reizt den Appetit, heilt Leibesanschwellungen und Cholik, zerstört Gift und die Krankheitsstoffe; er wirkt jedoch nicht nur (wie eben gesagt wurde) appetitmachend, sondern befördert auch die Verdauung [2]) und verleiht Kraft.

24. Weisse Kreide

132. heisst *khaṭinî, khaṭikâ, khaṭi, dhavalamṛttikâ* (weisser Thon), *sitadhâtu* (weisses Mineral), *çvetadhâtu* (dass.), *pâṇḍumṛd* (weisser Thon), *pâṇḍumṛttikâ* (dass.).

133. Weisse Kreide schmeckt süss und bitter und ist kalt; sie vertreibt die durch Galle erregte Hitze, heilt Wunden und beseitigt verdorbene Säfte, Schleim, Blutungen und Augenleiden.[3])

25. Kalkspath

134. heisst *dugdhâçman* (Milchstein), *dugdhapâshâṇa* (dass.), *kshîrin* (milchähnlich), *gomedasaṁnibha* (dem Gomeda, Zircon, ähnlich), *vaġrâbha* (von dem Aussehn des Diamanten), *dîptika* (glänzend), *saudha* (gips- oder milchähnlich), *dugdhin* (milchähnlich), *kshîrajava* (Milchkorn).[4])

135. Kalkspath reizt den Appetit, ist etwas warm, vertreibt Fieber und wirkt gegen Galle, Asthma, Cholik, Husten und Blähungszustände.

---

[1] S. Anm. 2 zu V. 129.

[2]) *ruk'ja, dipana* und *pâk'ana* stehen ebenso V. 33 neben einander; vgl. die Anm. dazu.

[3]) Bhâvapr. I. 1. 265, 10 ff.

[4]) Das letzte Synonymon bezieht sich wohl darauf, dass der Kalkspath, der zwar gewöhnlich in Krystallen sich findet, auch in körnigen Massen vorkommt.

26. Karpûramaṇi, Kampherstein.[1])

136. Das Mineral, welches zu Anfang mit den Namen für Kampher und am Ende mit 'Stein' benannt ist, welches also die Bezeichnung 'Kampherstein' trägt, vertreibt, in richtigem Maasse angewendet, die Krankheitsstoffe Wind u. s. w.

27. Legirung von Silber und Gold

137. (*târahema-dvidhâkṛta*) hat fünf (*bâṇa*) Namen: *vimala* (fleckenlos), *nirmala* (dass.), *svakkha* (klar), *amala* (s. v. a. *vimala*), *svakkhadhâtuka* (klares Metall).

138. Diese Legirung schmeckt scharf und bitter; sie heilt Hautkrankheiten und Wunden. An Geschmack, Kräften u. s. w. gilt sie (den beiden Metallen, Gold und Silber) gleich[2]); in der Zubereitung mit Quecksilber (*vedhe*)[3]) jedoch hat sie verschiedene Kräfte.[4])

28. Sand

139. heisst *sikatâ, vâlukâ, siktâ, çîtalâ* (kühl), *sûkshmaçarkarâ* (feiner Kies), *pravâhotthâ* (angeschwemmt), *mahâsûkshmâ* (sehr fein), *sûkshmâ* (fein), *pânîyakûrṇikâ* (Flusssand).[5])

140. Sand schmeckt süss und ist kalt; er beseitigt Hitze und Erschlaffung und ist, als Umschlag angewendet, ein Kühlungsmittel für Anschwellungen; (ausserdem) wirkt er gegen Wind.[6])

---

[1]) An Kampher selbst kann hier nicht gedacht werden, da dieser an einer anderen Stelle im Râǵan. behandelt ist. V. 136, der schon dem Stile nach von der sonstigen Darstellungsweise unseres Wörterbuchs abweicht, scheint eine spätere Einschiebung zu sein, da der in demselben behandelte Stoff in dem Register V. 4 fehlt. Das gleiche gilt von dem ganz ähnlich abgefassten V. 143. *Karpûramaṇi* muss übrigens ein dem vorangehenden Kalkspath verwandtes Mineral sein, jedenfalls identisch mit *karpûrâçman* Bhâvapr. I. 1. 269, 12.

[2]) Zum Ausdruck vgl. V. 26, 125, 209.

[3]) Ueber *vedha* s. Anm. zu V. 13.

[4]) Die zweite Halbzeile unseres Verses ist im Çkdr. so ausgezogen: *rasavîrjâdau tuljatvaṁ, vedhe bhinnavîrjakatvam.*

[5]) Bhâvapr. I. 1. 265, 14 hat noch *retajâ*.

[6]) Ebendas. I. 1. 265, 15.

29. Kaṅkushṭha-Erde[1])

141. heisst *kaṅkushṭha*, *kâlakushṭha* (mit schwarzen Stellen bedeckt), *viraṅga* (farblos), *raṅgadâjaka* (Farbstoff enthaltend), *rekaka* (abführend), *pulaka*, *çodhaka* (reinigend), *kâlapâlaka*.[2])

142. Zwei Sorten von Kaṅkushṭha-Erde werden genannt, eine silber- und eine goldfarbige.[3]) Die Erde schmeckt scharf und ist warm; sie wirkt gegen Schleim und Wind, führt ab und heilt Wunden sowie Cholik.[4])

30. Âkhupâshâṇa, Mausstein.[5])

143. Die Bezeichnung für Maus geht voran, darauf folgt die für Stein: das Mineral, welches demnach den Namen 'Mausstein' führt, dient zur Mischung von Metallen.

---

[1]) Wird von Mat. Med. 23 ohne jede weitere Erklärung als 'a sort of mountain earth' bezeichnet. Eine nähere Angabe hat Bhâvapr. I. 1. 266, 8 ff. (das Wort steht auch noch I. 2. 107, 10), wonach diese Erdart sich auf den Vorbergen des Himâlaja findet, und zwar in schwarzer, röthlich-schwarzer und gelber Farbe. Nimmt man dazu noch unser farblos und silberweiss (V. 142), so haben wir für die Kaṅkushṭha-Erde eine förmliche Farben-Scala.

[2]) Bhâvapr. I. 1. 266, 13. Zu *raṅgadâjaka* vgl. das Adjectiv *varṇakâraka*.

[3]) Bhâvapr. I. 1. 266, 10 nennt die beiden Arten *raktakâla* und *aṇḍaka*; ein Manuscript hat jedoch anstatt dieser Namen, wie Herr Prof. Roth mir mittheilt, *nalika* und *reṇuka*.

[4]) Bhâvapr. I. 1. 266, 14, 15.

[5]) Wegen V. 143, der wohl als Interpolation zu betrachten sein wird, vgl. das über V. 136 in der Anm. zu § 26 bemerkte. PW. übersetzt das sonst unbelegte *âkhupâshâṇa* irrthümlich mit Magnet, offenbar nach einer Erklärung des Çkdr. Der Magnetstein ist im Râgan. oben V. 37—41 verhältnissmässig ausführlich behandelt, und das hier dem *âkhupâshâṇa* beigelegte Epitheton *lohasaṁkarakâraka*, welches den Anlass zu jenem Irrthum gegeben haben mag, bedeutet nicht 'das Eisen anziehend'; cf. V. 13 und 35. An eine Identificirung des hier so stiefmütterlich erwähnten Minerals ist schwerlich zu denken.

III. Edelsteine

144. (Synonyma für 'Werthgegenstand' sind): *dravja* (Ding, Hab und Gut), *kâñkana* (Gold), *lakshmî* (Glück, Reichthum), *bhogja* (nutzbar), *vasu* (Gut), *vastu* (Ding, Gegenstand), *sampad* (Wohlfahrt, Glücksgüter), *vṛddhi* (dass.), *çrî* (Schönheit, Reichthum), *vjavahârja* (womit man handeln kann, verkäufliche Waare), *draviṇa* (Habe, Kostbarkeit), *dhana* (dass.), *artha* (dass.), *rai* (Reichthum), *svâpateja* (eigener Besitz).

145. (Synonyma für 'Edelstein' sind): *ratna*, *vasu* (gut, edel), *maṇi*, *upala* (Stein), *dṛshad* (dass.), *draviṇa* (Kostbarkeit), *dîpta* (glänzend), *kârja* (zu bearbeiten), *rauhiṇika* (roth), *abdhisâra* (das edelste des Meeres), *khânika* (aus Minen gewonnen), *âkaraǵa* (dass.); diese Worte haben gleiche Bedeutung.

1. Rubin

146. hat fünfzehn (*çarendu*) Namen: *mâṇikja*, *çoṇaratna* (rother Edelstein), *ratnarâǵ* (König der Edelsteine), *raviratnaka* (der Sonne geweihter Edelstein) [1]), *çṛṅgârin* (einen Schmuck bildend), *raṅgamâṇikja* (farbenreicher Rubin), *tarala* (funkelnd), *ratnanâjaka* (Anführer der Edelsteine),

147. *râgadṛç* (roth aussehend), *padmarâga* (roth wie Lotus), *ratna* (Edelstein), *çoṇopala* (s. v. a. *çoṇaratna*), *saugandhika* (Wasserrose), *lohitaka* (roth), *kuruvinda* (neutr.; als masc. Name verschiedener Pflanzen). [2])

148. Rubin schmeckt süss und klebrig; er wirkt gegen Wind und Galle und giebt ein vorzügliches Elixir ab für die-

---

[1]) S. V. 197.

[2]) Bhâvapr. I. 1. 268, 12. Maṇim. II. 1019 hat *lohita* (dies auch Bhâvapr.) anstatt *ratna*; fälschlich *taruṇa* für *tarala*, *ratnanâmaka* für *ratnanâjaka*, *râgajuǵ* für *râgadṛç*.

jenigen, welche die richtige Anwendung der Edelsteine kennen.[1])

149. Derjenige Rubin ist echt, welcher glatt, schwer, gross (eigentlich: Körper besitzend)[2]), glänzend, durchsichtig und von schöner Farbe ist; Glück bringt er, wenn man ihn trägt.[3])

150. Ein Kenner trage aber keinen Rubin, der zwiefache Fär-

---

[1]) Maṇim. II. V. 62. Es sei bei dieser Gelegenheit daran erinnert, dass die Edelsteine zum Behufe medicinischer Verwendung zu Pulver zerrieben und gebrannt werden; vgl. Anm. 5 auf S. 45 und Bhâvapr. I. 2. 108, 4—18. — Arabische Aerzte schreiben dem Rubin nach Maṇim. II. 864 mannigfache Kräfte zu; unserem *rasâjanakara* entspricht es, wenn es dort heisst: (Yâcût) causes free circulation of blood throughout the system.

[2]) *gâtrajuta* ist ein technischer Ausdruck der indischen Juwelenkunde, der in unserem Texte weiterhin nur in der abgekürzten Form *gâtra* (adj.) erscheint, und zwar V. 161, 166, 171, 183, 194. Zwei von diesen Versen sind in die Maṇim. übergegangen (171 = Maṇim. I. V. 395; 194 = Maṇim. I. V. 226), aber so ungenau übersetzt, dass sich nicht ersehen lässt, wie der Verfasser den Begriff gedacht oder ob er überhaupt eine Vorstellung damit verbunden hat. Wenn man die citirten Stellen vergleicht, an denen *gâtra* als eine unter den guten Eigenschaften der Edelsteine genannt wird, so hat man wegen der daneben stehenden Attribute nur die Wahl zwischen 'hart' und 'gross'. Erwägt man nun ferner, dass *mahattâ* 'Grösse' Maṇim. I. V. 168 als ein Lob für edle Steine gilt und dass man in Indien überhaupt dem Umfang derselben das grösste Gewicht beilegt, auf Kosten der Schönheit des Schliffes (s. Kluge, Handbuch der Edelsteinkunde S. 85 § 96), so wird *gâtrajuta* und *gâtra* in der Bedeutung zu fassen sein, welche ja auch geradezu durch die Etymologie geboten erscheint, 'eine tüchtige Masse darstellend, umfänglich, gross'. Dafür spricht ferner erstens, dass V. 162 *sûkshma* dem *gâtra* in V. 161 gegenübersteht, und zweitens, dass ein anderes Wort für Grösse von einem Juwel im Râǵan. nicht nachweisbar ist. *gâtra* als subst. erscheint V. 184 in *sphuṭitagâtra* und bezeichnet hier deutlich die Masse des Steines.

[3]) Ueber die Charakteristika des guten Rubins vgl. Maṇim. I. V. 168 ff., zu dem auf die Schwere gelegten Gewicht I. V. 208, über das glückbringende Tragen des Steines I. V. 199, 200. Wegen des Ausdrucks *dhâraṇât* vgl. V. 11 und 170 unseres Textes.

bung zeigt,[1]) der mit Wolken[2]) behaftet oder rauh ist, der

- -

[1]) Ueber 'mehrfache Färbung und Farbenzeichnung' der Edelsteine handelt Kluge, S. 37 § 52. — Der technischen Bedeutung des Wortes *Khâjâ* hatte ich nicht beikommen können, so lange ich von der naheliegenden Vorstellung ausging, das damit ein einheitlicher Begriff ausgedrückt sei. Von vorn herein kann man an drei optische Eigenschaften denken, an Farbe, Lichtschein (Kluge, S. 39 § 59) und Glanz; sucht man aber eine dieser drei Bedeutungen durchzuführen, so kommt man entweder mit den wirklichen Eigenschaften des Steines oder mit dem Context in Collision. *Khâjâ* selbst steht V. 168, 178, 185, 194; von Zusammensetzungen finden sich ausser *driKKhâja* in unserem Verse noch *viKKhâja* V. 156, 172, 184, 190, 195, *saKKhâja* V. 166, *suKKhâja* V. 171, *bahuKKhâja* V. 216 und *çuddhaKKhâja* V. 189. Vor allen Dingen kann darüber kein Zweifel sein, dass die vier *Khâjâs* des Diamanten V. 178 und des Sapphirs V. 185 'Färbungen' sind; während *ranga* die charakteristische Hauptfarbe eines Edelsteins ist, bedeutet also *Khâjâ* 'Schattirung, Farbennüance'. Diese Bedeutung muss man auch in *driKKhâja* suchen, denn ein doppelter Lichtschein oder gar ein doppelter Glanz ist ein Unding; man kann sie aber nicht in das vom Topas ausgesagte *suKKhâja* V. 171 hineintragen, weil *suranga* daneben steht; hier hat man es mit dem intensiven Glanz als einer charakteristischen Eigenschaft des Topases zu thun. Liest man nun ferner V. 194 von der *Khâjâ* des Katzenauges, die dem Schillern der Pfauenfedern und des natürlichen Katzenauges (nach dem der Stein bekanntlich benannt ist) verglichen wird, so ist hier offenbar der wogende, perlmutterartige Lichtschein auf der Oberfläche gemeint, der ja diesem Edelstein besonders charakteristisch ist. *viKKhâja* V. 195 ist selbstverständlich ein schlechtes Katzenauge, dem dieser Lichtschein abgeht; dagegen bedeutet *viKKhâja* V. 156 als Gegensatz zu *nakshatrâbha* und V. 172 als Gegensatz zu *suKKhâja* 'glanzlos'. Ich habe mich schwer entschlossen diese Vieldeutigkeit des Wortes *Khâjâ* anzunehmen, hoffe aber auf die Zustimmung derjenigen, welche die Stellen nachprüfen. Die Terminologie war eben hinsichtlich der optischen Eigenschaften der edelen Steine nicht so weit entwickelt, als in Bezug auf die greifbaren Fehler, was ja im Grunde auch ganz erklärlich ist.

[2]) *abhra* 'Wolken' ist ein noch heute bei uns üblicher Terminus. Kluge, S. 146: Wolken werden die im Innern der Steine befindlichen weissen oder grauen und braunen, wolkenähnlichen Flocken genannt, welche die Bearbeitung sehr erschweren, da die Steine an solchen Stellen nie eine reine und glänzende Politur annehmen. Sie werden am häufigsten an Diamanten und blassen Rubinen angetroffen. — *abhraka* als ein Fehler im Sapphir Manim. I. V. 418.

Sand[1]) oder einen Sprung aufweist, der rauchfarbig[2]), mangelhaft in der Farbe, unförmlich oder leicht ist.[3])

151. Vier Arten (von Rubinen) sind von den Kennern zu unterscheiden: Wenn (der Stein) ein reines Roth zeigt, nenne man ihn *padmarâga*; den gelben und tiefrothen — in beiden Spielarten — *kuruvindaka*; denjenigen unter ihnen, welcher braunroth ist, *saugandhika*; den bläulichen *nîlagandhika* (einen blauen Duft habend).[4]) Den Rubin, welcher beim Schaben und Reiben nichts von seiner Farbe verliert, preist man als echt.[5])

2. Perle

152. hat fünfundzwanzig *(bhava)*[6]) Namen: *muktâ* (abgelöst, d. h. von der Muschel), *saumjâ* (lieblich, glückbringend), *mauktika* (ursprgl. Collectivbegriff von *muktâ*), *çauktikeja* (aus der Perlenmuschel stammend), *târa* (neutr. Stern), *târâ* (fem. dass.), *bhautika* (von einem lebenden Wesen

[1]) Kluge, S. 146: Sand, d. i. Körnchen im Innern der Steine von weisser, brauner oder röthlicher Farbe.

[2]) Maṇim. I. V. 194.

[3]) Zu dem Inhalt des ganzen Verses vgl. Maṇim. I. V. 189 ff., wo auch die schädlichen Eigenschaften fehlerhafter Rubine aufgezählt sind. Nach V. 190 ist *cirûpa = cipada* 'which bears a mark like a bird's foot'! Das Tragen eines defecten Rubins ist mehrfach verboten, besonders V. 203.

[4]) Die gleiche Viertheilung findet sich Maṇim. I. V. 153, 154; als Farbe des *kuruvinda* ist nur gelb angegeben, V. 161 jedoch auch *mandarâga* 'reddish'; der *saugandhika* heisst grünlich, aber V. 160 *ânîlaraktotpala-kârubhâs* 'its color is like that of the red lotus dashed with blue'. Die Verse der Maṇim. stammen deutlich aus den verschiedensten Quellen, und man sieht, dass die Benennungen der Arten variirten. Maṇim. I. V. 163—165 werden noch 19 weitere Namen für Rubinsorten, ebenso vielen feinen Farbennüancirungen entsprechend, aufgezählt: *bandhujîvi(n)*, *çikhaṇḍika*, *indragopi*, *odrapushpaka*, *raktâkhja*, *kuṭṭima*, *parṇa*, *sîmantaka*, *gairikâkhja*, *sûrjasaṁgña*, *drumâmaja*, *mahârâjanagandhi(n)*, *gokshura*, *kaṇṭakârika*, *maṇirâga*, *kokorâksha*, *kokilâksha*, *sarasâksha* (in der Uebersetzung *sârasâkhja*), *kokanada*, alle generis neutrius.

[5]) Maṇim. I. V. 211.

[6]) Als Synonymon von *tattva*; eigentlich sollte man *bhâva* erwarten, aber das liess das Metrum (Gagatî, Upagâtî) nicht zu.

stammend)[1]), *târakâ* (Stern), *ambhaḥsâra* (das edelste des Wassers), *çîtala* (kalt), *nîrâja* (aus dem Wasser stammend), *nakshatra* (Stern), *induratna* (dem Monde geweihtes Juwel)[2]), *laksha* (Preis).

153. *muktâphala* (Perlenfrucht), *binduphala* (Frucht des — aus der Wolke in die Muschel gefallenen — Tropfens), *muktikâ* (s. v. a. *muktâ*), *çauktejaka* (s. v. a. *çauktikeja*), *çuktimaṇi* (Juwel aus der Perlenmuschel), *çaçipriya* (vom Monde geliebt)[2]), *svakkha* (klar), *hima* (eisartig), *haimavata* (dass.), *bhûruha* (aus einem lebenden Wesen kommend)[1]), *sudhâṁçuratna*[2]) (s. v. a. *induratna*).[3])

154. Die Perle schmeckt süss und ist sehr kalt; sie heilt Augenkrankheiten, Vergiftungen, Lungenschwindsucht und krankhafte Erregung (der humores, Schleim, Galle, Wind)[4]); sie mehrt Kraft, Stärke und Wohlsein, wo diese gering sind.[5])

155. Wenn eine Perle wie ein Stern glänzt, rund, vollkommen (von dem Kalk der Muschelschale) befreit, glatt, hart, ohne Flecken und ohne Risse ist, wenn sie, auf die Wage gelegt, schwer wiegt, so ist sie fehlerlos und erregt Wohlgefallen.[6])

156. Wenn eine Perle glanzlos[7]) oder unregelmässig geformt ist[8]), anhaftende Kalktheile von der Muschelschale[9]) oder

---

[1]) Als Gegensatz zu den mineralischen Juwelen; s. V. 157.

[2]) S. V. 197.

[3]) Bhâvapr. I. 1. 268, 19. Maṇim. II. 1020 hat *târa* masc. statt neutr., *lakshmî* und *lakshma* statt *laksha*, *çaçiprabha* als v. l. neben *çaçipriya*, *hemavata* und *himavala* (vgl. den appar. crit.) statt *haimavata*, *sudhâṁçubha* statt *sudhâṁçuratna*; es fehlt unser *târakâ*, doch stehen noch *tautika* (vgl. den appar. crit.), *çauktika*, *çuktibîja*, *hâri* und *kurala*.

[4]) Ueber *parikopa*, das sich Sourindro Mohun Tagore in der Uebers. von Maṇim. II. V. 63 geschenkt hat, vgl. PW. s. v. *kopa 1)*.

[5]) Bhâvapr. I. 1. 268, 22. Ueber die Verwendung pulverisirter Perlen in der indischen Medicin vgl. Mat. Med. 93, 94. Die Kräfte, welche die arabische Medicin den Perlen beilegt, s. Maṇim. II. 871 ff.

[6]) Maṇim. I. V. 308 ff.

[7]) S. Anm. 1 auf S. 72.

[8]) Wird bei uns jetzt Baroqueperle genannt.

[9]) Maṇim. I. V. 313: If any part of an oyster remains fast attached to a pearl, the defect is called *çuktilagna-dosha*.

hochrothe Farbe[1]) aufweist, wenn sie mit einem Fischauge gezeichnet[2]), rauh, flach oder eingedrückt ist, so darf ein Kenner sie nicht tragen; denn sie übt schädliche Wirkungen aus.[3])

157. Die Perle wird auf achtfache Art gewonnen: aus dem Kopfe des Elephanten, der Schlange, des Fisches und des Ebers, aus dem Innern des Rohres[4]), der Süsswasser-Muschel, der Wolke und — wie bekannt (*spashṭam*) — der Perlenmuschel. Der Farbe nach sind sie im allgemeinen (d. h. ohne Rücksicht auf ihren Entstehungsort) blassroth, blau, gelb, glänzend weiss. Wenn auch allerdings die sieben (ersten) Sorten nicht oft zu haben sind, ist doch die aus der Perlenmuschel stammende Perle massenhaft zu finden.[5])

158. Diejenige Perle ist echt, welche, in ein mit gepulvertem Salpeter[6]) und Kuhharn angefülltes Gefäss gelegt und (dann) auch noch so stark mit Reishülsen gerieben, unverändert bleibt.

3. Koralle

159. heisst *prabâla* (Zweig), *aṅgârakamaṇi* (dem Mars geweih-

---

[1]) *atirakta* Maṇim. I. V. 316; cf. V. 157 unseres Textes *pâṭala*.

[2]) Maṇim. I. V. 314: On certain pearls, there are marks like the eye of a fish and these are hence called *mînâksha* (= unserem *matsyâksha*).

[3]) Maṇim. I. V. 312 ff.

[4]) Damit ist offenbar Tabaschir (skt. *trakkshîrâ*) gemeint. Handwörterb. d. r. u. angew. Chemie VIII. 465: 'Tabascheer werden gewisse kieselige steinartige Concretionen in den Knoten des Bambusrohres genannt, welche - - Achnlichkeit mit einer leichten auf Wasser schwimmenden Varietät des Hydrophan genannten Opal haben'. Vgl. auch Kluge, Edelsteinkunde 186. — Die übrigen Fundstätten der Perle (abgesehen von der Muschel) sind natürlich rein imaginär und derartige Perlen nur *tapasâ* 'durch die Kraft der Askese' zu erlangen; Maṇim. I. V. 246.

[5]) Bhâvapr. I. 1. 268, 20, 21. Maṇim. I. V. 243—278. Ueber die Farben s. Maṇim. I. V. 270.

[6]) *lavaṇakshîra* finde ich nicht in der Mat. Med., sondern nur noch Maṇim I. V. 326, wo die hier geschilderte Echtheitsprobe gleichfalls empfohlen wird; dort ist aber einfach 'salt' übersetzt. Vgl. auch Maṇim. I. V. 352.

tes Juwel)[1]), *vidruma* (wohl 'stark-geästeter Baum'), *ambhodhipallava* (Zweig des Meeres), *bhaumaratna* (s. v. a. *angârakamaṇi*), *ratnâṅga* (aus dessen Masse Perlen bereitet werden), *raktâkâra* (von rothem Aussehen), *latâmaṇi* (Schlinggewächs-Juwel).[2])

160. Die Koralle schmeckt süss und sauer; sie wirkt gegen Schleim, Galle und sonstige Krankheitsstoffe und verschafft, von Frauen[3]) getragen, diesen Kraft, Schönheit und Glück.[4])

161. Man trage eine schöne Koralle, d. h. eine solche, welche rein, fest, hart, rund, glatt, gross[5]), von schöner rother Farbe, ebenmässig, schwer und ohne Rinnen ist.[6])

162. Dagegen meide man als unschön eine Koralle, welche weisslich-roth, mit einem Netz (von Kalkansätzen) überzogen, krumm, klein, hohl, rauh, schwarz, leicht oder weiss ist.[7])

163. Der Korallenast wird als echt bezeichnet, welcher roth ist wie die Strahlen der aufgehenden Sonne, welcher aus dem Meere stammt[8]) und auf dem Probirstein gerieben nichts von seiner Schönheit einbüsst.

4. Smaragd

164. ist mit elf (*rudra*, Namen) bestimmt: *gârutmata* (dem Vogel Garutmant, Garuḍa gehörig), *marakata* (Lehnwort aus

---

[1]) S. V. 197.

[2]) Maṇim. II. 1021: dort steht *ambhodhivallabha* (Liebling des Meeres) anstatt °*pallava*. Bhâvapr. I. 1. 268, 24.

[3]) Bekanntlich tragen noch heute die Indierinnen mit grosser Vorliebe Korallenschmuck.

[4]) Maṇim. II. V. 66. Suçr. II. 328. 13.

[5]) Ueber *gâtra* (opp. *sûkshma* im folgenden Verse) s. Anm. 2 zu V. 149.

[6]) Maṇim. I. V. 344.

[7]) Maṇim. I. V. 346.

[8]) Nach Maṇim. I. V. 345 soll eine rothe, harte Koralle auch im Himâlaja gefunden werden (?!). Bei unserem Vers wird wohl nur an die künstlichen, aus Knochen etc. gefertigten Korallen gedacht sein.

griech. σμάραγδος[1]), *rauhiṇeja* (dem Mercur geweiht)[2]), *harinmaṇi* (grüner Edelstein), *sauparṇa* (s. v. a. *gârutmata*), *garuḍodgîrṇa* (vom Vogel Garuḍa ausgespien), *budharatna* (dem Mercur geweihter Edelstein)[2]), *açmagarbhaǵa* (aus dem Schooss des Felsens stammend), *garalâri* (Feind des Giftes), *râjavâla*[3]), *gâruḍa* (s. v. a. *gârutmata*).[4])

165. Smaragd wirkt als Gegengift; er ist kalt und schmeckt süss, ist laxativ, beseitigt acute Dysenterie[5]), wirkt gegen Galle, reizt den Appetit, schafft Wohlbefinden und vernichtet dämonische Einflüsse.[6])

166. Ein Elegant trage einen Smaragd, der durchsichtig, schwer, glänzend[7]), glatt, gross[8]), eben[9]), von vollkommener Form und intensiver Farbe ist.[10])

---

[1]) Cf. Schade, Altdeutsches Wörterbuch [2] 1430.

[2]) S. V. 197.

[3]) Ebenso wenig, wie die Varianten, zu enträthseln; vermuthlich aber nichts anderes als *vâlarâja* V. 192.

[4]) Bhâvapr. I. 1. 268, 10 hat *açmagarbha* für unser *açmagarbhaǵa*, Maṇim. II. 1021 *râparola* und *râprabâla* statt *râjavâla*, *garuḍottîrṇa* als v. l. zu *garuḍodgîrṇa*, ferner noch *açmagarbha*, *marakta*, *râǵanîla*, *garuḍâṅkita*.

[5]) Wise, Commentary [2] 335.

[6]) Maṇim. II. V. 70. Als Antidoton wird der Smaragd noch genannt Maṇim. I. V. 359, 360, 380. Die von der arabischen Medicin dem Smaragd zugeschriebenen Kräfte (Maṇim. II. 877) sind wesentlich die gleichen.

[7]) Ueber *sakKhâja* s. Anm. 1 auf S. 72.

[8]) Wegen *gâtra* s. Anm. 2 zu V. 149.

[9]) *mârdava* kann nicht 'Weichheit' bedeuten, da Härte eine Haupteigenschaft aller edelen Steine ist; *komalatâ* wird V. 199 als ein allgemeiner Fehler angeführt. Unser *mârdavasmeta* ist synonym mit *akuṭhora* Maṇim. I. V. 358, welches dort durch 'smooth' wiedergegeben wird, und damit ist das Attribut also wesentlich identisch mit dem daneben stehenden *snigdha*; cf. V. 183, 189, 215. Von Metallen ist oben *mṛdu* mehrfach ausgesagt, vom Golde V. 12, und neben *snigdha* fünfmal, vom Kupfer V. 20, Zinn V. 28, Blei V. 27, Messing V. 31, Mennig V. 54. Ebenso Bhâvapr. I. 1. 253, 19. Wenn ich an diesen Stellen *mṛdu* mit 'geschmeidig' übersetzen musste, so verbietet die vollständig andere physikalische Beschaffenheit der Edelsteine natürlich hier das

[10]) Maṇim. I. V. 374, 375.

167. Aber selbst ein Gott darf keinen Smaragd benutzen, der Sand[1]) oder Staub[2]) enthält, der rauh, schmutzig, leicht, unschön, fleckig, mit dem Trâsa-Fehler[3]) behaftet oder von hässlicher Form ist.[4])

168. Derjenige Smaragd wird als echt bezeichnet, welcher das Wesen von acht Dingen besitzt (*ashṭâtmaka*), d. h. der Blyxa octandra (einer Wasserpflanze), dem Pfau, dem Rasen, grünem Glas, dem Gefieder der Coracias indica (des blauen

---

Wort in der gleichen Bedeutung zu nehmen. — Unser Vers erweckte übrigens in mir den Verdacht, ob *snigdha* nicht eine andere Bedeutung haben könne; doch überzeugte mich eine Zusammenstellung der Verse, in denen das Wort von Edelsteinen gebraucht ist, dass durchweg der Begriff der Glätte durch *snigdha* ausgedrückt sein muss. Das Wort steht unter den guten physischen Eigenschaften edeler Steine V. 149, 155, 161, 166, 171, 176, 189, 194, 207, 213, 215. Die drei letzten Stellen sind zur Fixirung des Begriffs nicht zu verwerthen, denn bei den Uparatna sind nicht die correspondirenden schlechten Eigenschaften aufgezählt; an allen anderen Stellen aber hat *snigdha* je in dem folgenden Verse seinen Gegensatz: V. 150 *karkaça*, V. 190 *rekhâjuta* und in den übrigen sechs Fällen *rûksha*. Danach kann die etymologisch gebotene Bedeutung 'glatt' für *snigdha* nicht mehr zweifelhaft sein.

[1]) Ueber *çarkarila* s. Anm. 1 auf S. 73.

[2]) *kalila*, wörtlich 'erfüllt von ...' (so V. 184) lässt uns nur 'Staub' ergänzen, den technischen Ausdruck für die sonst 'Sand' genannten Körnchen, wenn dieselben äusserst fein und in Menge in einem Stein vertheilt vorkommen. Kluge, S. 146. Unser *çarkarila-kalila*° ist der haarscharfe Gegensatz zu den beiden lobenden Attributen, welche Maṇim. I. V. 374 vom Smaragd ausgesagt werden: *arağaskam areṇukam* 'ohne Staub und Sand'.

[3]) *trâsa* steht noch V. 177, 190, 195, 213; Maṇim. I. V. 100, 120, 283, 285, 347, 413, 415, erklärt als *bhinnabhrântikaraḥ* (V. 120, 235) und als *medasaṁçrajakṛt* (V. 415). Die Uebersetzungen der Maṇim. sind ungenau: V. 120 'the mark the existence of which in any diamond imparts to it an air of apparent brokenness, is denominated *trâsa*', V. 235 'That mark in a Cat's-eye which looks like a break, is a *trâsa*', V. 415 'That mark in a Sapphire which at first sight looks like a rift, is called *trâsa*'. Ein Riss oder Sprung an und für sich kann nicht *trâsa* 'Zittern' heissen, sondern nur 'der matte, unregelmässige, unvollkommene Schein', den Federn (d. h. Risse oder kleine Spalten im Innern der Steine) hervorrufen. Cf. Kluge, S. 146 § 157, a.

[4]) Maṇim. I. V. 369—373, 381.

Holzhähers), dem Khadjota-Insect[1]), der Farbe eines jungen Papageien und der Blüthe der Acacia Sirissa an Farbenspiel gleicht, und welcher ringsum im Sonnenschein seine Farbe verbreitet.[2])

5. Topas

169. heisst *pîta* (gelb), *pushparâga* (blumenfarbig), *pîtasphaṭika* (gelber Krystall), *pîtarakta* (gelbroth), *pîtâçman* (gelber Stein), *gururatna* (dem Jupiter geweihter Edelstein)[3]), *pîtamaṇi* (gelber Edelstein), *pushparâja* (Blumenkönig).[4])

170. Topas schmeckt sauer und ist kalt; er wirkt gegen Wind und ist ein vorzügliches Mittel zur Stärkung des Appetits. Den Männern, welche ihn tragen, verleiht er langes Leben, Schönheit und Verstand.[5])

171. Wer ein Topasstück trägt, das stark glänzend, gelb, schwer, gross, von schöner Farbe, rein, glatt, fleckenlos, vollständig rund und kalt ist, — dem mehrt (der Edelstein) Ansehen, Muth, Freude, Lebensdauer und Besitzthum.[6])

172. Dagegen ist der Topas fehlerhaft, welcher mit einem schwarzen Tropfen[7]) verunstaltet, rauh, weiss, fleckig, leicht, glanzlos oder voll Sand[8]) ist.[9])

---

[1]) 'Glowworm' Maṇim. I. V. 358.

[2]) Maṇim. I. V. 358, 362, 363, 366, 377—379.

[3]) S. V. 197.

[4]) Zu diesen Synonymen kommt noch *deveḍjamaṇi* 'dem Jupiter geweihter Edelstein' V. 201. Maṇim. II. 1021, 1022 hat *pîtasphaṭika* und *pîtâçman* als Neutra; ausserdem stehen dort noch *mañjumaṇi* und *vâsapatirallabha* (aus Bhâvapr. I. 1. 268, 14). und ferner finden wir Maṇim. I. V. 388—390 fünf Specialnamen zur Bezeichnung besonderer Farbenschattirungen: *kauruṇṭaka* (Korund, *kâshâjaka*, *somâlaka*, *padmarâga*, *indranîla*.

[5]) Maṇim. I. V. 65. Die Kraft, unfruchtbaren Frauen Leibesfrucht zu schaffen, wird dem Topas noch Maṇim. I. V. 391, 392 zugeschrieben.

[6]) Maṇim. I. V. 395, 398.

[7]) *bindu* steht noch V. 177, Bhâvapr. I. 1. 267, 19, 20 und Maṇim. I. V. 109, 111—113, II. V. 51, 52, übersetzt mit 'spot'; nach Maṇim. I. V. 112 wäre ein *bindu* roth und rund. Gemeint sind damit Luftblasen im Innern der Steine, welche tropfenähnliche Form haben.

[8]) *çarkarâgâra* subst. s. v. a. *çarkarila* V. 150, 167.

[9]) Maṇim. I. V. 396 Man beachte, dass hier *pushparâga* als neutr. gebraucht ist.

173\. Derjenige Topas, welcher auf dem Probirstein gerieben, seine eigene Farbe noch intensiver erscheinen lässt, wird deswegen von den Kennern als echt bezeichnet.

6. Diamant

174\. hat vierzehn *(abdhibhû)* Namen: *vaǵra* (Donnerkeil), *indrâjudha* (Indra's Waffe), *hîra*, *bhidura* (zerspaltend, Donnerkeil), *kuliça* (s. v. a. *vaǵra*), *pavi* (dass.), *abhedja* (nicht zu zerspalten), *açira* (Feuer, Sonne), *ratna* (Edelstein), *dṛḍha* (hart), *bhârgavaka* (der Venus geweiht)[1], *shaṭkoṇa* (sechseckig)[2], *bahudhâra* (vielkantig), *çatakoṭi* (hunderteckig).[3])

175\. Der Diamant besitzt die sechs Geschmäcke (süss, sauer, salzig, scharf, bitter und zusammenziehend), heilt alle Krankheiten, lindert alle Uebel und ist ein Wohlbefinden erzeugendes, den Körper stärkendes Elixir.[4])

176\. Denjenigen Diamanten nenne man einen Schatz (*çrîjaṁ diçet*), welcher durchsichtig, wie ein Blitz leuchtend, glatt,

---

[1]) S. V. 197.

[2]) Mit *shaṭkoṇa* sichtlich synonym ist *shaḍâra* V. 176. Dass *koṇa* und *âra* 'Ecke', nicht 'Kante' (diese heisst *dhârâ*) bedeuten, ergiebt sich aus der Krystallform des Diamanten. 'Die regelmässigen krystallinischen Formen, in welchen der Diamant gefunden wird, — sagt Kluge, S. 171 — sind am häufigsten Oktaëder und Rhombendodekaëder; die erste Form scheint vorzugsweise den ostindischen Diamanten - - zuzukommen'. Nun hat der Oktaëder bekanntlich sechs Ecken und zwölf Kanten. — Das Synonymon *çatakoṭi* verdankt seine Entstehung wohl dem eigenthümlich-indischen Sinn für hohe Zahlen.

[3]) Bhâvapr. I. 1. 267, 10 hat noch *kandra* und *maṇivara*. Von den 18 angeblich vedischen Synonymen für Diamant, welche Maṇim. II. 1018, 1019 aufgezählt sind, wird wohl kein europäischer Forscher auch nur eines in dieser Bedeutung gelten lassen. In der Reihe der Sanskrit-Synonymen S. 1019 stehen *vaǵra*, *hîra*, *çatakoṭi* als mascul., während sie in unserem Texte neutra sind; ausserdem sind dort noch genannt *hîraka*, *dadhîkjasthi*, *vaǵraka*, *sûkîmukha*, *varâraka*, *ratnamukhja*.

[4]) Bhâvapr. I. 1. 268, 7, 8; 2. 108, 10, 11. Mat. Med. 92, 93. Maṇim. II. V. 67, 80, 82 u. a. — Die arabischen und persischen Autoritäten schreiben nach Maṇim. II 860 dem Diamanten noch viele Kräfte im einzelnen zu.

prächtig, leicht[1]), einritzend, sechseckig[2]), scharfkantig[3]) und mit regelmässigen Ecken versehen ist.[4])

177. Als fehlerhaft geartet meide man dagegen einen Diamanten, welcher aschfarbig, mit einem Krähenfuss gezeichnet[5]), mit einem Riss behaftet, rund, stumpf oder fleckig ist; welcher durch einen Tropfen[6]), den Trâsa-Fehler[7]) oder einen Sprung verunstaltet ist; welcher von schwarzblauer Farbe[8]), platt oder rauh ist.[9])

178. Vier Färbungen des Diamanten giebt es: weiss, röthlich,

---

[1]) Im Gegensatz zu allen anderen Edelsteinen verlangt man in Indien beim Diamanten möglichst geringes specifisches Gewicht; cf. V. 199 und Maṇim. I. V. 139. In der That ist aber das specifische Gewicht des Diamanten (3,4—3,6) im Vergleich mit anderen Juwelen kein bemerkenswerth geringes.

[2]) S. Anm. 2 zu V. 174.

[3]) Ist deshalb besonders hervorgehoben, weil 'die Krystallisationen des Diamanten die besondere Eigenthümlichkeit zeigen, dass die Flächen jederzeit fast mehr oder weniger zugerundet sind, während bei anderen krystallisirten Körpern mit seltenen Ausnahmen nur gerade Flächen vorkommen. Die durch solche zugerundete Flächen entstehenden Kanten sind daher ebenfalls gebogen, daher denn die Diamantkrystalle - - auf den ersten Blick einige Aehnlichkeit mit einer Kugel haben'. Kluge, S. 172.

[4]) Maṇim. I. V. 78, 81, 99—101.

[5]) Technische Bezeichnung eines Fehlers auf der Oberfläche des Edelsteins, offenbar von der äusseren Aehnlichkeit hergenommen, wie das 'Fischauge' V. 156 an einer fehlerhaften Perle. *kâkapâda* als subst. steht ohne Erklärung Maṇim. I. V. 109 und 346.

[6]) Ueber *bindu* s. Anm. 7 zu V. 172; das Wort ist hier neben *satrâsa* und *sphuṭita* deutlich als adj. gebraucht, d. h. verkürzt aus *bindrankita* (V. 172), wie *gâtra* fünfmal aus *gâtrajuta* (s. Anm. 2 z. V. 149).

[7]) S. Anm. 3 zu V. 167.

[8]) D. h der Çûdra unter den Diamanten, welcher im folgenden Verse *mekaka*, Bhâvapr. I. 1. 267, 12 *asita* heisst. Wenn diese Sorte auch in unserem Verse als *doshaga* bezeichnet wird, geht doch aus den V. 180 derselben zugeschriebenen Heilkräften hervor, dass schwarze Diamanten auch in Indien geschätzt wurden.

[9]) Zu dem ganzen Verse vgl. Maṇim. I. V. 109 ff. — Mit *rekhâ* oder *bindu* behaftete Diamanten heissen 'weibliche' nach Bhâvapr. I. 1. 267, 20, dreieckige und länglich-geformte sind 'generis neutrius' ebendas. 22.

gelb und blauschwarz, mit Bezug worauf die Kenner das wahre Wesen desselben der Reihe nach als das des Brahmanen u. s. w. (d. h. des Râǵanja, Vaiçja, Çûdra) bezeichnen. Wenn er je in der bestimmten Kategorie *(jathâsram*, d. h. der weisse von Brahmanen u. s. f.) getragen wird, so schafft er Ansehen in reichem Maasse und höchsten Wohlstand; ausser der Ordnung *(ajathâjatham)* aber (getragen) wird er für die Menschen zum Donnerkeil (d. h. vernichtet sie). Heilvoll nur ist er, wenn er je nach der Kaste *(ǵâti)* angelegt wird *(hitam)*.[1])

179. Wenn ein Diamant auf einer Steinplatte, auf noch so vielen Probirsteinen durch harte Gegenstände nicht zerrieben wird; wenn er mit anderen Steinen oder eisernen Hämmern geschlagen nicht zerspringt[2]); und wenn er einen anderen (Stein) bei müheloser Handhabung zerspaltet, (selbst) aber nur durch einen (anderen) Diamanten zerstückelt wird, — so nennen die Kenner ihn echt, preiswürdig und sehr werthvoll.[3])

180. Der (Diamanten-)Brahmane ist das wirksamste unter den Elixiren und gewährt den gleichen Erfolg wie die achttheilige (medicinische Wissenschaft)[4]), der Râǵanja vertreibt den Männern Runzeln und graues Haar und besiegt den Tod im Nu, der Vaiçja verschafft in hohem Grade die Fähigkeit Schätze herbeizuziehen und der Çûdra beseitigt alle Krankheiten. Damit sind die auf die verschiedenen

---

[1]) Bhâvapr. I. 1. 267, 11, 12. Maṇim. I. V. 85 ff. Ueber die Farben vgl. Maṇim. I. V. 93—95, über die in unserem Verse genannten Kräfte ebendas. V. 79, 102 u. a.

[2]) Wegen seiner Sprödigkeit zerspringt jedoch der Diamant unter dem Hammerschlag; im Alterthum aber glaubte man denselben auf seine Echtheit mittelst Hammer und Ambos prüfen zu können. Plinius, Hist. Nat. 37, 15, Kluge, S. 174.

[3]) Vgl. die Echtheitsproben Maṇim. I. V. 136—138, 140.

[4]) Der Âjurveda ist *ashṭâṅga* und Vâgbhaṭa's Lehrbuch der Medicin heisst *ashṭâṅgahṛdaja*.

Kasten bezüglichen *(varṇja)* Eigenschaften des Diamanten aufgezählt.[1])

7. Sapphir

181. heisst *nîla* (blau), *sauriratna* (dem Saturn geweihter Edelstein)[2]), *nîlâçman* (blauer Stein), *nîlaratnaka* (blauer Edelstein), *nîlopala* (s. v. a. *nîlâçman*), *tṛṇagrâhin* (Grashalme anziehend, cf. jedoch PW. s. v.), *mahânîla* (sehr blau), *sunîlaka* (schön blau).[3])

182. Sapphir schmeckt bitter und ist lauwarm; er wirkt gegen Schleim, Galle und Wind. Wer ihn seinem Körper anlegt, dem wird der Planet Saturn glückbringend.[4])

183. Ein mit den guten Eigenschaften versehener Sapphir ist selten, d. h. ein solcher, welcher keinen muscheligen Bruch zeigt[5]), der fleckenlos, gross, glatt[6]), schwer, glänzend, Grashalme anziehend und eben[7]) ist.[8])

184. Dagegen ist der Sapphir als fehlerhaft zu meiden, welcher Thon-, Sand- oder Steintheile in sich enthält, welcher glanzlos, fleckig, leicht, rauh ist oder durch dessen Masse ein Sprung geht.[9])

185. Folgende Schattirungen (des Blau) werden der Reihe nach beim Sapphir aufgezählt: weiss, roth, gelb, schwarz, und

---

[1]) Bhâvapr. I. 1. 267, 13—17. Maṇim. II. V. 88—91; doch stimmen die in beiden Werken erwähnten Kräfte nicht sehr zu den in unserem Texte den verschiedenen Sorten zugeschriebenen Eigenschaften.

[2]) S. V. 197.

[3]) Bhâvapr. I. 1. 268, 16 hat ausser *nîla* nur noch *indranîla*; Maṇim. II. 1022 fehlt unser *nîlaratnaka* und für *nîlopala* steht die fehlerhafte Form *nîlotpala*, welche auch von MS. A geboten wird.

[4]) Maṇim. II. V. 68.

[5]) Dies wird wohl die technische Bedeutung von *nimna* 'vertieft, eingedrückt' sein, weil der muschelige Bruch gerade dem Sapphir charakteristisch ist. Kluge, S. 16, 262.

[6]) *masṛṇa* ist also hier s. v. a. sonst *snigdha*; ebenso V. 216.

[7]) Ueber *mṛdu*, das hier neben *masṛṇa* steht, s. Anm. 9 zu V. 166, wo *mârdavasameta* sich in der Nachbarschaft von *snigdha* befindet; cf. auch V. 189, 215, 216.

[8]) Maṇim. I. V. 404, 408—412.

[9]) Maṇim. I. V. 413—420.

zwar so, dass sich dabei dasselbe Verhältniss in Bezug auf die Kasten, Brahmanen u. s. w., ergiebt (wie beim Diamanten V. 178, 180). Das Tragen nach Art des Diamanten (d. h. unter Festhaltung der Kategorien) ist nützlich.[1])

186. Derjenige Sapphir wird als echt bezeichnet, welcher ein mit nicht geronnener, nicht mit (Fett-)Augen besetzter[2]), tadelloser Milch gefülltes Gefäss alsbald (blau) färbt.[3])

8. Hyacinth[4])

187. hat sechs Namen: *gomedaka* (vom folgenden), *gomeda* (Kuhfett), *râhuratna* (dem Sonnen- und Mondfinsterniss bewirkenden, angeblichen Planeten Râhu geweiht), *tamomaṇi* (dass.), *svarbhânava* (dass.)[5]), *piñgasphaṭika* (gelbrother Krystall).[6])

188. Hyacinth schmeckt sauer und ist warm; er heilt die verschiedenartigen Erregungen des Krankheitsstoffes Wind, reizt den Appetit und befördert die Verdauung. Getragen beseitigt er Unheil.[7])

189. Wenn ein 'Hyacinth' geheissener Edelstein kuhharnfarbig, eben[8]), glatt und warm ist, wenn er einen reinen Glanz

---

[1]) Maṇim. I. V. 401, 402, wo die vier Sorten *çvetanîla*, *raktanîla*, *pîtanîla* und *kṛshṇanîla* heissen, 'a blue Sapphire with a white shade' etc.

[2]) Also aufzulösen *a[(stjâna + Kandrikâ)âspada]*.

[3]) Çkdr. hat einen Vers aus dem Garuḍapurâṇa:

jas tu varṇasja bhûjastvât kshire çataguṇe sthitaḥ
nîlatâṁ tan najet sarvaṁ, mahânîlaḥ sa uk'jate |

Derselbe steht auch Maṇim. I. V. 405 mit der Variante *nîlabhâvaṁ najet*. Hinsichtlich der Probe ist noch Anm. 4 zu V. 191 zu vergleichen.

[4]) *gomeda* ist nach der Identification der Maṇim. I. 360 ff. II. V. 64 und S. 1021 Zircon; selbstverständlich handelt es sich hier unter den neun Schmucksteinen ersten Ranges nicht um den gemeinen, sondern um den edeln Zircon oder Hyacinth.

[5]) S. V. 197.

[6]) Die Namen stehen übereinstimmend Maṇim. II. 1021; Bhâvapr. I. 1. 268, 16 hat noch *pîtaratnaka* (gelber Edelstein).

[7]) Maṇim. II. V. 64. Ueber das glückbringende Tragen eines Hyacinths vgl. Maṇim. I. V. 383.

[8]) Cf. V. 183, 215 und Anm. 9 zu V. 166.

hat, Schwere aufweist und röthlich wie Gold ist, so bezeichnen die Kenner ihn als geeignet für vornehme Leute.[1])

190. Doch meide ein Kenner einen Hyacinth, welcher mattfarbig, mit weissen oder schwarzen Bestandtheilen durchsetzt, mit Rissen oder dem Trâsa-Fehler[2]) behaftet, leicht, fleckig oder voll Sand ist.[3])

191. Wenn die Milch in einem Gefässe, sobald (ein Hyacinth in dasselbe) geworfen ist, in der Farbe des Kuhharns leuchtet, und wenn ein Hyacinth auch beim Reiben nichts von seiner Schönheit verliert, so wissen die Kenner, dass er echt ist.[4])

9. Katzenauge[5])

192. heisst *vaiḍûrja*, *keturatna* (dem Ketu geweihter Edelstein), *kaitava* (dass.)[6]), *vâlavâjaja* (aus dem Berge Vâlavâja gewonnen), *prâvṛshja* (von dem Aussehen der Gewitterwolke), *abhraroha* (ungefähr dass.), *kharâbdâṅkuraka* (Knospe

---

[1] Maṇim. I. V. 333.

[2]) S. Anm. 3 zu V. 167.

[3] Maṇim. I. V. 334, 335. Wegen *çarkarâgâra* vgl. V. 172 unseres Textes.

[4]) Maṇim. I. V. 335 empfiehlt für den Hyacinth die Echtheitsproben mit Feuer und Schleifstein. — Was die hier und V. 186 beim Sapphir genannte Milchprobe anlangt, so gehören die angeblich dabei zu Tage tretenden Erscheinungen ebenso in das Reich der Fabel, wie das Zerfliessen des *kandrakânta* im Mondschein V. 213. Ich habe mit Sapphir und Hyacinth jene Probe angestellt und mich von der vollständigen Resultatlosigkeit derselben überzeugt. Durch eine dünne Milchschicht schimmern die Steine allerdings hindurch, theilen aber diese Eigenschaft mit allen andern farbigen Juwelen.

[5]) *vaiḍûrja* ist nach dem PW. Beryll, nach Molesworth 'a turkois or lapis lazuli'; Çkdr. sagt, *vaiḍûrja* sei hindî *lahasunijâ* und Shakespear[4] hat s. v. *lahsaniyâ* 'a precious stone (Cat's eye?)'. Die von Shakespear ausgesprochene Vermuthung trifft allein das richtige, wie unser Vers 194 beweist. Als Katzenauge ist der Edelstein auch in der Maṇimâlâ identificirt.

[6] *ketu* ist der auf- und absteigende Knoten, welcher in der indischen Astronomie zu den Planeten gerechnet wird. *kaitava* in unserer Bedeutung ist, als auf *ketu* zurückgehend, im PW. von dem *kaitava* zu trennen, welches 'Spiel, Betrug u. s. w.' bedeutet und von *kitava* abgeleitet ist. Vgl. übrigens V. 197.

der Gewitterwolke)[1]), *vaiḍûrjaratna* (Edelstein Vaiḍûrja), *vidûraǵa* ('aus weiter Ferne stammend', eine Bezeichnung, welche aus falscher Lesung und Etymologie von *vaiḍûrja* entstanden ist).[2])

193. Katzenauge ist warm und schmeckt sauer; es wirkt gegen Schleim und Wind und heilt Leibesanschwellungen sowie auch andere Leiden. Getragen bringt es Glück.[3])

194. An drei verschiedenen Arten von Lichtschein ist ein Katzenauge zu erkennen, nämlich wenn dieser zart wie ein Bambusblatt schimmert, wie ein Pfauenhals leuchtet oder das röthlich-braune Aussehen des Auges der Katzen besitzt. Als schön bezeichnen die Kenner dasjenige Katzenauge, welches gross, schwer, recht glatt, auch sonst fehlerfrei, rein und durchsichtig ist.[4])

195. Man meide dagegen ein Katzenauge, welches keinen Lichtschein zeigt, welches Thon- oder Steintheile enthält, welches leicht, rauh, mit einem Riss oder dem Trâsa-Fehler[5]) behaftet, fleckig oder schwarz ist.[6])

196. Echt wird das Katzenauge genannt, welches, wenn es gerieben wird, selbst durchsichtig bleibt und seine Farbe deutlich erkennbar auf den Probirstein überträgt.[7])

10. Die Beziehungen der bisher behandelten neun Edelsteine ersten Ranges zu den neun Planeten und Allgemeines.

197. Man weiht den Rubin der Sonne (V. 146), die vollständig fleckenlose Perle dem Monde (V. 152), die Koralle dem

---

[1]) Der Stein schien also dem Inder eine Farbe zu haben, wie der Himmel vor dem Ausbruch des Gewitters.

[2]) Dazu kommt noch aus V. 197 *vidûrodbhavita* (s. v. a. *vidûraǵa*). Maṇim. II. 1020 hat *kharûbdâraṅkura* für *kharûbdâṅkuraka* und *vidûraratna* für *vaiḍûrjaratna;* Maṇim. I. V. 228 ff. stehen noch, verschiedenen Eigenschaften entsprechend, für specielle Sorten des Katzenauges die Namen *sutâra, ghana, atjakkha, kalila, ćjaṅga.*

[3]) Maṇim. II. V. 71. Weit mehr Kräfte nennen die arabisch-persischen Autoritäten nach Maṇim. II. 868.

[4]) Maṇim. I. V. 226, 222, 223, 228 ff.

[5]) S. Anm. 3 zu V. 167.

[6]) Maṇim. I. V. 233—235.

[7]) Maṇim. I. V. 227, 237.

Mars (V. 159), den fehlerfreien Smaragd dem Mercur (V. 164), den Topas dem Jupiter (V. 169), den Diamanten der Venus (V. 174), den Sapphir dem Saturn (V. 181), den Hyacinth dem Râhu (V. 187), das Katzenauge dem Ketu (V. 192).[1])

198. Wer nun der Reihe nach diesen Angaben entsprechend die genannten Edelsteine anlegt und trägt, dem werden die Planeten günstig.[2])

199. Mit alleiniger Ausnahme des Diamanten (cf. V. 176) ist geringes specifisches Gewicht bei Edelsteinen (*ratnasaṁghâte lâghavam*, Leichtigkeit im Verhältniss zum Umfang der Steine) durchaus für einen allgemeingültigen Fehler zu halten. Das gleiche gilt (für alle Edelsteine) von der Weichheit.[3])

200. Die fünf edelsten Steine sind Rubin, Diamant, Perle, Smaragd und Sapphir. Dazu kommen Katzenauge, Topas, Koralle, Hyacinth und die anderen (Edelsteine geringeren Ranges, *uparatna*).

201. Hyacinth, Katzenauge, Topas (dem Jupiter geweihter Edelstein), (dann die in der Folge zu behandelnden) Mond- und Sonnenstein, sowie die übrigen dem Quarz-Geschlechte angehörigen Steine sind von den Kennern nach der Verschiedenheit der Farbe, der Kräfte und anderer Eigenschaften zu unterscheiden.

11. Quarz.

a. Bergkrystall

202. ist neunfach benannt: *sphaṭika*, *sitopala* (weisser Stein), *amalamaṇi* (fleckenloser Edelstein), *nirmalopala* (dass.),

---

[1]) Inhaltlich übereinstimmend mit Bhâvapr. I. 269, 7—10; Maṇim. II. V. 77, 78 weicht von dieser Ordnung ab, indem hier der bei uns später folgende Mondstein dem Monde, der Smaragd dem Râhu, der Hyacinth dem Mercur, der Bergkrystall dem Jupiter, das Katzenauge der Venus geweiht wird. In diesen beiden Versen setzt sich die Maṇim. in Gegensatz zu den II. 1018 ff. genannten Namen, welche die gleichen Beziehungen zu den Planeten ausdrücken, wie die älteren Texte Râǵan. und Bhâvapr. An solchen Ungleichmässigkeiten ist in diesem ungeschickt zusammengestoppelten Werke kein Mangel.

[2]) Maṇim. II. V. 79—82.

[3]) Maṇim. I. V. 139.

svaḱḱha (durchsichtig), *svaḱḱhamaṇi* (durchsichtiger Edelstein), *amararatna* (Edelstein der Götter, aber wohl nur durch Assimilation aus *amalaratna* entstanden und dann s. v. a. *amalamaṇi*), *nistusharatna* (wohl s. v. a. *svaḱḱhamaṇi*)[1]), *çivaprija* (dem Çiva lieb).

203. Bergkrystall hat ähnliche Kräfte (wie die edleren Steine) und vertreibt die Beschwerden der von dem Krankheitsstoff Galle herrührenden Hitze. Ein Rosenkranz aus Bergkrystall verleiht den Betern einen unsagbar viel grösseren Erfolg (als ein aus anderen Stoffen verfertigter Rosenkranz).[2])

204. Einen Bergkrystall, der ganz klar ist wie das Aussehen eines Tropfens Gangeswasser, der ohne Hülsen[3]), den Augen wohlgefällig, glatt, von klarem Innern, süss an Geschmack und recht kalt ist, der die durch Galle erregte Hitze und Blutungen beseitigt, der, wenn er auch mit Steinen gerieben wird, seine Durchsichtigkeit nicht verliert, — einen solchen, echten, aber sehr seltenen schätzt man seit Alters als schön und weiht ihn dem Çiva.

b. Sonnenstein, eine Art Adular,[4])

205. hat acht *(vasu)* Namen: *sûrjakânta* (von der Sonne geliebt), *tapanamaṇi* (Sonnenstein), *tâpana* (der Sonne geweiht), *ravikânta* (s. v. a. *sûrjakânta*), *diptopala* (glänzender Stein),

---

[1]) Eigentlich 'Edelstein ohne Hülsen'. Dieses *nistusha* kehrt V. 201 und 207 wieder und an letzterer Stelle beweist uns das daneben stehende *antar*, dass *tusha* ein Fehler im Innern des Krystalls ist, der seinen Namen wohl der Aehnlichkeit mit einer Getreidehülse verdankt. Cf. *maḱḱhâksha* V. 156 und *kâkapâda* V. 177.

[2]) Maṇim. II. V. 74, I. V. 447—451, S. 505. Ueber die Wunderkraft des aus Bergkrystall gefertigten Rosenkranzes vgl. noch Maṇim. II. V. 132.

[3]) S. Anm. 1.

[4]) Der Sonnenstein und der V. 211—213 behandelte Mondstein sind die beiden unter diesen Namen noch heute bei uns gangbaren Sorten Adular, über welche Kluge, S. 420, 421 zu vergleichen ist. Die Uebereinstimmung der Namen kann kaum eine zufällige sein, sondern beruht auf der Identität der Steine, da die Angabe V. 213 zu der Farbe des Mondstein-Adulars stimmt und da dieser Stein gerade in Ceylon heimisch

agnigarbha (Feuer in sich bergend), *ǵvalanâçman* (leuchtender Stein), *arkopala* (s. v. a. *tapanamaṇi*).

206. Sonnenstein ist warm, glänzend und alterativ; er wirkt gegen Wind und Schleim, ist heilig und verschafft, wenn man ihn ehrt, die Gunst der Sonne.[1])

207. Wenn ein Sonnenstein glatt, rein, ohne Riss und frei von Hülsen[2]) im Innern ist, wenn er polirt die Klarheit des Himmels aufweist und bei Berührung der Sonnenstrahlen Feuer von ihm ausgeht[3]), so wird er als echt gepriesen.[4])

c. Scheindiamant[5])

208. heisst *vaikrânta* (Kraft verleihend, s. V. 210), *vikrânta* (ein falsch aus dem vorigen herausgebildeter Name), *nîkavaǵra* (geringer Diamant), *kuvaǵraka* (dass.), *gonâsa* (Kuhschnauze), *kshudrakuliça* (s. v. a. *nîkavaǵra*), *ǵîrṇavaǵra* (dass.), *gonasa* (s. v. a. *gonâsa*).

209. Wenn kein echter Diamant zu haben ist, so bediene man sich des Scheindiamanten; denn dieser ist ihm gleich an Geschmack, Kräften[6]) u. s. w. Er heilt Auszehrung, Aussatz und Vergiftung und ist ein gutes, Wohlsein verschaffendes Elixir.[7])

---

ist. So ist mit dem Gegenstand zugleich der Name aus Indien nach Europa gekommen. Der Parallelismus der Namen macht es unter diesen Umständen höchst wahrscheinlich, dass auch der *sûrjakânta* unser Sonnenstein-Adular ist; sonst könnte man etwa noch an den Avanturin denken (Kluge, S. 383). — Darin hat Narahari Unrecht, dass er den Adular in das Quarzgeschlecht einreiht; denn derselbe ist eine Varietät des Feldspaths. Zu den Namen des Sonnensteins kommt noch *taraṇikânta* aus V. 201.

[1]) Maṇim. II. V. 72.

[2]) S. Anm. 1 auf S. 88.

[3]) Zum sprachlichen Ausdruck vgl. Ragh. 2. 75.

[4]) Maṇim. I. V. 436, 437.

[5]) Diesen Namen habe ich nach Kluge S. 373 § 371, 2 gewählt, weil er den Sinn einer Reihe von Bezeichnungen des *vaikrânta* wiedergiebt. Wahrscheinlich ist auch die thatsächliche Identität des *vaikrânta* mit dem bei uns unter Scheindiamant verstandenen wasserhellen Bergkrystall.

[6]) Schon V. 26 und 125 stand *rasavîrja* in diesem Sinne.

[7]) Maṇim. II. V. 75.

210. *Vaikrânta* ist der Stein von den Kennern deshalb genannt, weil er in der Gestalt des Diamanten die Kraft *(vikrânti)* besitzt mit Sicherheit alle Krankheiten zu beseitigen.

d. Mondstein, eine Art Adular,[1])

211. ist siebenfach benannt: *indukânta* (vom Mond geliebt), *kandrakânta* (dass.), *kandrâçman* (Mondstein), *kandrakâpala* ('im Mondschein flimmernd' oder 'wie der Mond flimmernd'), *çitâçman* (Stein des kalten, d. h. Mondstein), *kandrikâdrâva* (im Mondschein zerfliessend, cf. V. 213), *çaçikânta* (s. v. a. *indukânta*).

212. Mondstein ist kalt und glatt, beseitigt Galle, Blutungen und Hitze, verschafft die Gunst des Mondes, ist durchsichtig und vernichtet ungünstige Einflüsse der Planeten.[2])

213. Echt ist derjenige Mondstein, welcher — glatt, weiss oder gelblich, ohne den Trâsa-Fehler[3]) im Innern — die leuchtende Klarheit des Siebengestirns zeigt und bei der Berührung der Mondstrahlen zerfliesst.[4])

e. Lapis lazuli[5])

214. hat fünf *(çara)* Namen: *râjâvarta* (für die Stirn eines Königs geeignet), *nṛpâvarta* (dass.), *râjanjâvartaka* (dass.), *âvartamaṇi* (Stirnjuwel), *âvarta* (aus den anderen Namen verkürzt).

---

[1]) S. Anm. 4 auf S. 88.

[2]) Maṇim. II. V. 73.

[3]) S. Anm. 3 zu V. 167.

[4]) Maṇim. I. V. 438. Die Fabel, dass der Stein im Mondschein langsam schmilzt, hat in Indien so viel Glauben gefunden, dass selbst in dem Lehrbuche des Suçruta (I. 173, 1) die aus dem Adular ausschwitzende Feuchtigkeit als Arzneimittel verordnet wird. Auch Max Müller sagt Anm. 103 zur Uebersetzung des Meghadûta: 'Auf jeden Fall liegt dem Ganzen eine wirkliche Naturerscheinung zu Grunde, die bis jetzt jedoch unbekannt scheint'. Von dem Gegentheil kann sich jeder leicht durch einen praktischen Versuch überzeugen.

[5]) In der Identification bin ich, da die V. 216 angegebene Farbe dazu stimmt, der Maṇim. II. V. 69 gefolgt, obwohl freilich der Lasurstein dem Quarzgeschlechte nicht zugehört; dieses Bedenken durfte ja aber auch vorher bei der Bestimmung des Sonnen- und Mondsteines

215. Lapis lazuli ist eben, glatt und kalt; er wirkt gegen Galle und bringt den Männern Glück, wenn er als Schmuck getragen wird.[1])

216. Denjenigen Lapis lazuli bezeichnet man als einen echten und glückbringenden Stein, welcher ohne weisse Flecken [2]), schwärzlich oder dunkelblau, glatt [3]), schwer, rein, glanzreich und dem Pfauenhals ähnlich ist.[4])

12. Türkis

217. ist zwiefach benannt: *peroǵa* (Lehnwort aus dem nps. *ferozah*) und *haritâçma* (grünlicher Stein), je nachdem er aschfarbig oder grünlich ist. Türkis (*peraǵa* = *peroǵa*) schmeckt sehr zusammenziehend und süss und ist ein vortreffliches Mittel um den Appetit zu reizen.

218. Ein jedes Gift, vegetabilisches, von lebenden Wesen kommendes[5]), sowie auch aus beiden gemischtes, vernichtet Türkis schnell; ebenso die Schmerzen, welche durch dämonische und sonstige schädliche Einflüsse entstehen.[6])

IV. Recapitulation des Buches und Schluss.

219. Die Kundigen bezeichnen Quecksilber, Talk, die verschiedenen sonstigen Mineralien und Metalle, ferner auch die sämmt-

---

nicht maassgebend sein. Möglich bleibt es jedoch immerhin, dass *râǵâvarta* Amethyst ist. Molesworth nennt ihn 'an inferior sort of diamond' und Mat. Med. 23 'an inferior kind of diamond from Virat'; Çkdr. sagt, er heisse auf Hindi *rewṭi*, was ich bei Shakespear nicht finde.

[1]) Maṇim. II. V. 69 hat sich, wie gewöhnlich, die Uebersetzung der Worte *mṛduḥ snigdhaḥ çiçiraḥ* leicht gemacht: 'tender, deliciously cool'. Ueber *mṛdu* s. Anm. 9 zu V. 166 und vgl. V. 183, 189.

[2]) Kluge, S. 426: Selten findet sich (der Lasurstein) ganz rein, sondern meist durch weisse Flecken oder Adern oder messinggelbe Punkte von Schwefelkies verunreinigt.

[3]) Ueber *masṛṇa* s. Anm. 6 zu V. 183.

[4]) Maṇim. I. V. 442.

[5]) Suçr. II. 251, 10: Zwei Arten von Gift werden genannt, *sthâvara* und *ǵaṅgama*; s. auch 257, 5, 6.

[6]) Mannigfache Kräfte des Türkis kennen auch arabische und persische Autoren nach Maṇim. II. 883.

lichen Edelsteine als wohlthätige Stoffe, wenn sie richtig präparirt sind *(saṁskâratah)*; was aber unter diesen gar nicht oder falsch behandelt ist, das richtet den Menschen wie Gift zu Grunde.[1]) Deshalb müssen die Kenner mit den richtigen Behandlungsweisen vertraut sein.

220. Welche heilsamen Eigenschaften diese Stoffe, Quecksilber u. s. w., in richtigen Präparaten aufweisen, welche schädlichen Kräfte sie im anderen Falle zeigen und welches diese Zubereitungen sind, — das ist hier nicht auseinandergesetzt worden, weil wir uns vor zu grosser Weitschweifigkeit scheuten.

221. Wenn ein verständiger Mann dieses Capitel inne hat, das nicht zu wortreich[2]) ist in der Aufzählung der Namen und Kräfte der Metalle, der Mineralien, des Quecksilbers, der Edelsteine, der Varietäten dieser Stoffe u. s. w., — so wird er durch die richtige Anwendung dieser höchsten medicinischen Wissenschaft ein geschickter Arzt.

222. Welche durch ihre mittelst der Elixire (oder 'des Quecksilbers'[3])) procedirende Kunst auch die alternden Leiber der Menschen wieder verjüngen, denen wird (auf ihrem Wege) dieses vom Gold und den anderen Stoffen handelnde Capitel zu einer Herberge unter dem Namen 'das Capitel von den Elixiren'.

223. In dieser Perle von Wörterbuch, das verfasst ist von dem in Nṛsiṁha's Auftrage arbeitenden Manne, dessen Verdienste fürwahr fortwährend, an leuchtender innerer Trefflichkeit hervorragend, berühmt als Einsicht erzeugend, die drei Welten mit Fülle ausstatten, — ist das dreizehnte Capitel, das mit dem Golde anhob, jetzt zu Ende.

---

[1]) Vgl. V. 47, 48 und, was die Edelsteine speciell betrifft, die schädlichen Einflüsse des ungereinigten und uncalcinirten Diamanten Bhâvapr. I. 1. 268, 4, 5; 2. 107, 17, 18.

[2]) S. PW. s. v. *sphuṭa* 1 d).

[3]) Mat. Med. 27: Mercury, though not mentioned by Charaka and Suçruta, has in later days come to be regarded as the most important medicine in the Hindu Pharmacopoeia.

Inhaltsverzeichniss.

INDICES.[1]

I. Sanskrit-Index.

A. Namen der Mineralien.

[1] Ein n. hinter der Verszahl verweist auf die Noten zur Uebersetzung.

B. Technische Ausdrücke.

II. Deutscher Index.

Verbesserungen.

Seite 20 Zeile 20 lies 'mbhodhipallavaḥ ohne Bindestrich.
„ 29 „ 2 tilge das Elisionszeichen vor saṁskṛtam.
„ 29 „ 12 ist wohl punar navâni zu trennen.
„ 29 „ 17 setze einen Interpunctionsstrich hinter kuḍâmaṇau.

Druck von Pöschel & Trepte in Leipzig.

www.ingramcontent.com/pod-product-compliance
Lightning Source LLC
Chambersburg PA
CBHW021824190326
41518CB00007B/729
* 9 7 8 3 7 4 3 6 5 4 3 2 7 *